# 为什么我们会生气

## WHY WE GET MAD

### HOW TO USE YOUR ANGER FOR POSITIVE CHANGE

[美] 瑞安·马丁（Ryan Martin）　著

蒋平　戴治国　译

谢小丁　李思瑶　张瑛　审校

中国科学技术出版社

·北　京·

Why We Get Mad/ISBN:978-1786784452.

All rights reserved.

Text copyright © Ryan Martin 2021.

First published in the UK and USA in 2021 by Watkins, an imprint of Watkins Media Limited.

www.watkinspublishing.com

Simplified Chinese rights arranged through CA-LINK International LLC (www.ca-link.cn).

北京市版权局著作权合同登记　图字：01-2022-2172。

**图书在版编目（CIP）数据**

为什么我们会生气 /（美）瑞安·马丁著；蒋平，
戴治国译 . — 北京：中国科学技术出版社，2022.8（2023.11 重印）
　　书名原文：Why We Get Mad: How to Use Your
Anger for Positive Change

　　ISBN 978-7-5046-9646-5

　　Ⅰ.①为… Ⅱ.①瑞… ②蒋… ③戴… Ⅲ.①情绪—
自我控制—通俗读物 Ⅳ.①B842.6-49

中国版本图书馆 CIP 数据核字（2022）第 100560 号

| 策划编辑 | 赵　嵘 |
| --- | --- |
| 责任编辑 | 孙倩倩 |
| 版式设计 | 蚂蚁设计 |
| 封面设计 | 仙境设计 |
| 责任校对 | 邓雪梅 |
| 责任印制 | 李晓霖 |

| 出　　版 | 中国科学技术出版社 |
| --- | --- |
| 发　　行 | 中国科学技术出版社有限公司发行部 |
| 地　　址 | 北京市海淀区中关村南大街 16 号 |
| 邮　　编 | 100081 |
| 发行电话 | 010-62173865 |
| 传　　真 | 010-62173081 |
| 网　　址 | http://www.cspbooks.com.cn |

| 开　　本 | 880mm×1230mm　1/32 |
| --- | --- |
| 字　　数 | 145 千字 |
| 印　　张 | 7.5 |
| 版　　次 | 2022 年 8 月第 1 版 |
| 印　　次 | 2023 年 11 月第 2 次印刷 |
| 印　　刷 | 北京盛通印刷股份有限公司 |
| 书　　号 | ISBN 978-7-5046-9646-5/B·98 |
| 定　　价 | 59.00 元 |

（凡购买本社图书，如有缺页、倒页、脱页者，本社发行部负责调换）

献给我的妻子蒂娜（Tina），以及我的妈妈桑迪（Sandy），你们激励着我的每一天。

# 目录

# 引言

熟悉我的人都知道，我喜欢谈论愤怒，或者应该说包括所有其他情绪，从悲伤到恐惧到快乐再到愤怒。我撰写有关愤怒的文章，我喜欢和人们谈论他们的情绪，比如悲伤、恐惧、快乐、愤怒等，倾听他们讲述自己处于不同情绪中的故事，并帮助他们学会拥有更健康的情感生活。基于对这项工作的热爱，我在十年前开设了一门新的课程，叫作"情绪心理学"，在课上学生和我一起探索我们的情绪、想法和行为之间的复杂关系。我们研究情绪的进化史，致力于更好地理解情绪在跨文化背景下的异同。我们讨论什么情况下情绪会成为一个难题，或者是在我们对情绪的感受过于敏锐或者过于迟钝时，或者是在它让我们陷入危险时，又或者在它导致其他有问题的行为时。尤其重要的是，在这门课中，通过探索情绪如何帮助我们保证安全、修复关系、保护自己和纠正错误，我在某种程度上揭示了"情绪被视作消极事物"是一个谬论。

不过，在我的这门课程中，有三周的内容是我个人觉得最有趣的，那就是讨论愤怒情绪。在本书中，我们会讨论那些惹人生气的情境，以及我们在愤怒时的想法和表现出的行为。我们会讨论愤怒的生物学特性，教育和文化如何影响我们对愤怒的体验与表达，以及管理不善的愤怒可能带来的问题。我们还会讨论当愤怒被妥善管理时能够带来的积极影响。

　　2019年，我在TED① 大会上演讲的《我们为什么生气，为什么它是健康的》（*Why We Get Mad And Why It's Healthy*）还有这本书，都源自这份热爱。从1999年我开始读研究生算起，我研究愤怒已经超过20年了。当初去读研究生就是因为我想研究愤怒。我是在愤怒中长大的，这让我不断地思考人们为什么会变得愤怒，以及愤怒可能造成的伤害。我对少年收容所的孩子做过研究。我在那里接触的很多孩子都无法很好地管理自己的愤怒，这使他们经常陷入困境。我想帮助这些孩子还有其他人学习如何更有效地管理愤怒。

　　在读研究生期间，我了解到愤怒远比我最初以为的要复杂和有趣得多。我从小就认为愤怒是个坏东西，我们需要想办法来少生气。但是收容所里的那些孩子，他们经历了太多令人愤怒的事情。他们中的大多数人出生于极度贫困的家庭，食不果腹，缺少受教育的机会，其中许多人被父母或者其他监护人虐待或忽视。生活对他们来说是残酷的，他们有理由愤怒。

　　这本书旨在帮助人们与愤怒情绪建立更健康的关系。我对愤怒管理的看法和许多人不同。对我来说，我们无须压制愤怒，愤怒管理不应该只是为了放松或者减轻愤怒的程度。愤怒在我们的

---

① TED是技术（technology）、娱乐（entertainment）、设计（design）的英文首字母缩写。TED是美国一家非营利机构，以其组织的TED演讲大会闻名。——编者注

日常生活里有着举足轻重的作用，诚然失去控制地乱发脾气是不利于健康的，而忽视我们的愤怒也是不利于健康的。我认为愤怒是一种燃料，可以为我们提供能量，激励我们去做应该做的事情。但是和所有其他的燃料一样，我们需要对它加以控制，并以合适的方式引导它。

为了传达上述内容，我把这本书整理为三个主要部分。第一部分是"愤怒的基本知识"，它是对愤怒情绪的介绍。我用四个章节概述了什么是愤怒，人们为什么会愤怒，愤怒的生物学基础，导致愤怒的想法类型。第二部分是"当愤怒出错的时候"，概述了与管理不善的愤怒相关的主要后果。在这四章中，主要描述了愤怒和暴力之间的复杂关系，愤怒如何破坏关系，愤怒对身体和心理健康的影响，以及愤怒如何导致我们做出不理智的决定。第三部分是"健康的愤怒"，描述了如何用积极和亲社会的方式理解、管理和使用愤怒。这部分中的每一章都包括案例分享、相关研究以及设计的一些活动，旨在帮助你以富有成效的方式理解自己的愤怒。

每个章节最后的那些练习模块，包括了我和我的学生还有来访者们进行过的所有练习，它们用于帮助大家探索愤怒的原因，在愤怒时的感受，从愤怒中我们能够获得什么信息，以及如何更有效地管理愤怒。这些练习模块包括简短的写作练习、调查问卷，以及对愤怒的反思，它们都是可以帮助你的工具。

第一部分

愤怒的基本知识

为什么我们

会生气

Why We Get Mad:
How to Use Your Anger for Positive Change

什么是
愤怒

第一章

为什么我们

会生气

Why We Get Mad:

How to Use Your Anger for Positive Change

## 一种被误解的情绪

我发现，人们经常不知道或者不理解什么是愤怒。大家把愤怒等同于与之相关的暴力或者敌对行为。当得知某个枪击事件或者暴乱发生时，他们会说"为什么世界上有这么多的愤怒"之类的话。当听说肢体冲突事件时，他们的反应是"听起来有些人存在愤怒问题"。当然，他们有可能是对的，这些可能和愤怒有关。但更重要的是，这些都是和暴力相关的，暴力和愤怒有着本质上的区别。当我们浏览到打架、谋杀等新闻事件时，我们应该问的是"为什么当今世界上有这么多的暴力事件"，枪击事件和家庭暴力的施暴者不仅仅有愤怒的问题，他们可能有冲动控制的问题，也可能有能量控制问题。他们可能相信暴力是解决争端的合理方式。关于暴力，有许多人格、环境和情感方面的解释，事实上这些都不涉及愤怒。

我并不是说这些事件和愤怒不相干，它们可能是相关的。我的意思是这些事件涉及的不仅仅是愤怒，当我们仅仅关注愤怒时，就会忽略其他一些非常严重的问题。与之相反，在另外一些情况下，愤怒常常被人们忽视，因为它比暴力、敌意和攻击性更隐蔽。

愤怒是一种纯粹又简单的情绪。当我们在目标受阻或者遭遇不公时，就会产生这种情绪。情绪和行为在本质上是不同的。悲伤、恐惧、愤怒、快乐……这些都是情绪。有一些行为与其相关联（比如悲伤和哭泣、恐惧和逃避、快乐和欢笑），但是有些行为与情绪状态并不一致。人们有时在高兴时会喜极而泣，在害怕时反而会笑出来。就像有些人在心平气和的时候也会显得咄咄逼人。

作为一种情绪，愤怒确实包括了想通过肢体或者语言发泄的欲望，但是这种情绪和那些实际的发泄行为是完全不同的。换句话说，虽然我们可能想通过肢体来表达自己的愤怒，但也不一定非得那么做。当我们感到愤怒时，可以采取多种不同的行为，其中大部分并不危险，对他人无害，对我们自己也无害。事实上，其中甚至也包括一些对我们有益的行为。

以此为出发点是因为我感觉愤怒背负了无端的恶名。由于很难把愤怒情绪和暴力区分开，因此人们往往无法将愤怒只看作一种情绪。事实上，愤怒和悲伤、恐惧、快乐、内疚等都是情绪的一种状态。当我们害怕时，我们会想到逃离，或者寻求其他办法来避开令人害怕的那些事情。但有时我们也会用其他方式来表达恐惧，有时我们会强忍着恐惧的折磨，去做一些自己害怕的事情。愤怒的情况也是如此，当生气时，我们可能会大发雷霆，但是也可以做一些其他事情。

总之，我写这本书的目的是希望帮助人们理解并认可两件事：

（1）愤怒是用于应对各种情况的正常反应，而且往往是健康的。

（2）愤怒可以通过健康、积极、亲社会的方式被理解、管理和使用。

话虽如此，我还是打算从一开始就说清楚，我知道愤怒对于你以及你身边的人来说可能是有害的，这一点毫无疑问。频繁发作的愤怒，强烈的、持久的及没有被正确表达的愤怒，可能给人际关系和人的身心健康都带来严重问题。我对这些完全不陌生。我喜欢研究愤怒，就是因为我在自己的生活和职业生涯中，都看到过适应不良的愤怒给人带来的严重危害。

选择用这个方式来开始本书，是因为我不希望人们回应说"愤怒会伤人"，或者"你显然从未与真正愤怒的人生活在一起过，那太可怕了"。如果你看到这本书的前提是，你的直觉是"真正的愤怒问题是可怕的"——请放心，你绝对是正确的。愤怒可以造成严重破坏，可以导致关系破裂、财产损失、法律纠纷、药物滥用、家庭暴力、心理健康问题以及一系列负面后果。我们对于这个主题有数十年的研究，这些研究一致表明：愤怒可以摧毁你的人生。

愤怒可以摧毁人生。愤怒可以是破坏性的。愤怒可以导致人际关系的破裂。但我们也可以避免这些情况的发生。事实上，我们也可以利用愤怒做些积极的事情。愤怒可以激励人们去解决问题，或者创作艺术和文学作品。愤怒可以成为激励你对抗不公和创造有意义的社会变革的燃料。**最重要的不是你有多愤怒，而是你可以用愤怒做什么。**

## 一个不合时宜的玩笑

当我还是个孩子的时候，我曾把父亲的枕头套里塞满了网球。那天是愚人节，我觉得这很有趣。到了晚上上床睡觉时，我已经把这个玩笑忘得一干二净。当时我大概五六岁，比父亲睡得早，所以当我去睡觉时他还没有发现这个恶作剧。结果我睡着后又被他惊醒了，父亲把一枕头套的网球甩在了我身上。我不记得他在做这件事情的时候说了什么，只记得他把二三十个网球一股脑倒在我身上后便离开了房间。当时，他一定吵醒了和我同住一个房间的哥哥，因为我记得哥哥当时说了一句话："我觉得他不喜欢你开的玩笑。"

我默默地躺在那里，害怕、伤心，同时也有些尴尬。我本以为父亲会觉得这个玩笑很好笑，但显然我是大错特错了。过了一会儿，门突然又开了。我被开门声吓了一跳，在我还没反应过来是怎么一回事的时候，一个网球被他狠狠地砸到我的床头板上并弹了起来。很显然父亲又找到了一个球，于是冲进我的房间，把它朝我扔了过来。我觉得他并没有打算用球来打我，他可能只是想吓唬我。随后他关上了门，我们再也没有提起过这件事。

这个故事的奇怪之处在于，尽管我曾多次恶作剧，但父亲往往并不会生气。虽然他经常发脾气，而且经常会吓唬我（像网球事件一样），但大多数时候他还算是一个快乐和有趣的人。事实上，如果他一直生气，我很可能不会去尝试在枕头套里塞网球的玩笑，因为我会知道他不喜欢这种玩笑。可以肯定的是，有时他在上床睡觉时发现了我的恶作剧，然后一笑了之。第二天早上他会半开玩笑地让我难堪一下。但有时情况则截然相反，如果我在一个他不怎么高兴的晚上招惹了他，他会生气，非常生气！因此，我觉得他有时很不好相处。

父亲的脾气导致我们的关系出现了裂痕，这种裂痕贯穿了我生命中的大部分时间。[①]我们共同生活了很久，我花了很多时间来担心他会不会因为某些事情对我发火。长大后，我不再那么担

---

① 我的一位同事伊琳·库比特（Illene Cupit）经常说"研究就是自我探索（Research is mesearch）"，指的是心理学家的研究兴趣往往与他们个人的生活经历紧紧纠缠在一起。虽然我无法找到任何实际发表的研究来支持这一说法，但我认识的大多数心理学家都能指出他们的生活经历是如何引导他们的研究兴趣的。所以你看，我的个人经历表明，个人经历很重要。

心他对我发脾气了，但还是会紧张，会担心他对其他人发火。比如，如果一个服务生犯了错，父亲可能就会对他大发雷霆；在开车时，如果某个司机挡了他的路，父亲就会狂按喇叭紧追上去，完全不顾后座上那个被吓坏的我。有一次当我在加油站结账时，他对一个服务生大喊大叫，我只好装作不认识他。"这是什么人啊！"服务生对我说。"是啊，"我回应说，"这是什么人啊。"后来，我和父亲一起上车离开了加油站，我只希望他不再愤怒了。

至今还让我烦恼的是，我觉得父亲从来没有真正理解我对此的感受。记得有一次谈到这个问题时，就如同大多数我和他讨论情感问题的谈话一样，没聊几句就结束了。那是一天晚上，他在车上和路边的一个行人发生争执，把我吓坏了。后来他来问我感觉怎么样（关于这件事，我在后文会继续讨论）。

"今天我对那个人大吼大叫的时候有没有吓到你？"他问。

"有。"我说。

"我很抱歉。"他回应道。

我应该多说说自己的感受，但就像我之前说的，在他身边我一直不自在。这就是我们父子关系的真相，而问题的根源就是他表达愤怒的方式。

## 当愤怒出错时

这种在有意无意间导致关系损害的事情，是我在本书中要讨论的几种愤怒的后果之一。很久以来，人们已经认识到愤怒可能带来一些明显的后果。长期愤怒的人往往可能会和他人发生语言和肢体上的冲突，损坏物品，或被一些疾病所困扰，还可能会危险驾驶等。研究人员、临床医生和媒体工作者等都已经认识到愤怒的这些后果。我做的第一批研究项目之一就是完善升级一个常用的愤怒后果调查表——它被恰如其分地命名为"愤怒后果问卷"[1]，这是一个已经被使用了十余年的量表，我的导师埃里克·达伦（Eric Dahlen）博士和我都认为需要对它进行升级。升级后的愤怒后果调查问卷[2]用于测量五种主要的愤怒后果类型：攻击行为，酗酒或吸毒，人际关系受损，负面情绪和自伤。而今，距上次升级又有十余年之久了，这个量表需要再次升级。在人们如何体验和表达愤怒方面，社交媒体和其他形式的在线交流确实带来了很多改变。

虽然适应不良的愤怒带来的一些后果是显而易见和众所周知的（如打架、财产损失、健康问题等），但有些却不那么明显。即使是上文提到的那些后果，也可能比人们通常意识到的更隐蔽。以人际关系受损为例，我们大多数人都知道，人们在发脾气的时候，做出的事情和说出来的话有可能伤害他人。当人们被激怒时，会说出或做出一些在平和的时候不会做的、伤害他人的事情。同时，正如我在谈及父亲时所提到的，愤怒还会导致另一种更为常见，但往往尚未被大家认识到的后果——愤怒的人往往会疏远、惹恼，甚至惊吓到他们身边的人。

关于愤怒如何损害人际关系的问题，我在后文会有更多论述。心理学家对愤怒如何影响人际关系进行了大量的研究，例如，通过帮助夫妻更好地表达自己的愤怒来管理他们之间的冲突。与此同时，随着科技的进步，我们以新的方式进行交流，人与人之间的互动变得更加复杂。电子邮件、短信和社交媒体为表达愤怒提供了新的机会和平台，而这一切有可能对不同类型的关系造成损害。

众所周知，愤怒的另一个明显后果是暴力。请记住，愤怒可以被定义为一种想要发泄的情感欲望。当人们为这种欲望采取行动时，他们可能会变得暴力。他们可能会拳打脚踢，持刀伤害，甚至会枪击那些惹他们生气的人。在亲密伴侣、朋友、熟人或陌生人之间都有可能发生这些情况。但愤怒和暴力之间的关系与我们通常认为的不同，它们的相关性更弱也更复杂。正如你已经知道的，愤怒并不总是会导致暴力（事实上暴力很少发生），暴力也并不总是愤怒导致的。产生暴力倾向的原因各种各样，有时它源于其他情绪（如悲伤、恐惧、嫉妒或其他情绪）；有时它根本不是情绪性的——人们出于某种特定目的（如控制别人、谋财等）

而施暴。[3]和愤怒一样，暴力的存在，比大多数人能意识到的要多得多。

在本书的第二部分，我将详细介绍与愤怒有关的一些常见问题。我将解读从网络暴力到路怒症、自伤、再到心血管疾病以及其他健康问题的一些研究。你会看到，为什么路怒症的危险并不仅限于驾驶员与其他司机的争吵，为什么社交媒体可以如此迅速地成为一个情绪垃圾场，以及如何避免因愤怒管理不善而产生的健康问题。我还将向你展示，人们普遍认识到的愤怒后果只是冰山一角。愤怒还会带来很多其他的后果。人们可能无意中对自己的财产造成了损坏（我曾听说有人在观看足球比赛时用遥控器把电视砸了）；或者他们可能是故意的［据说有人在观看《与星共舞》（*Dancing with the Stars*）时用猎枪射击他的电视］；①他们酗酒或滥用药物，变得抑郁或焦虑；等等。管理不善的愤怒所带来的后果是巨大而显著的，我将在书中用大量篇幅予以描述，以此来帮助大家了解哪些后果是我们需要避免的，以及如何用合适

---

① 每学期，我都会问我的学生有没有人打猎。大约会有一半的人举手。然后我问他们："当你猎杀鹿的时候，你对鹿生气吗？"他们笑了，但这就是我说的攻击性和暴力有时与愤怒无关的意思。打猎无疑是一种意图伤害动物的行为。战争时期的战斗、自卫，甚至某些运动也是攻击行为。这些都反映了攻击或暴力的情况，其动机可能不是愤怒。

的方式来避免它们。

## 如何管理我们的愤怒

很多人认为解决适应不良的愤怒的方法就是少生气。他们看到愤怒产生的不良后果，就会说"他们需要放轻松一下"或"人生苦短，不能一直生气"之类的话。对一些人来说，这可能是真的。他们需要想办法降低生气的频率。但对很多人来说，问题不在于生气的次数，而是当他们生气时如何处理愤怒的情绪。

我曾经参加过一次有关学生酗酒的研讨会（以治疗师的身份，并非因为我有酗酒问题）。与会者大多是大学生，他们因为喝酒而产生了一些法律上的问题。我对这次讲座的期望值很低，因为过去参加过不少该主题的研讨会，我以为这就是一个介绍饮酒危害的讲座，没有期待能从中得到任何新的收获。但事实并非如此。主讲人在研讨会开始的时候就开宗明义地说，今天的目标并非让大家停止喝酒，而是让大家对如何喝酒做出不同的决定。她解释说，人们是否选择喝酒只是他们围绕酒精做出的决定之一，而在哪里喝、喝多少、和谁喝，是一些需要做出的其他决定。

我感到非常惊喜。以前参加过类似的研讨会，我读本科和研究生时也学过关于酒精和其他药物滥用的课程，那些研讨会和课程的重点是探讨当你喝酒时大脑会发生什么，喝酒对身体其他部分有什么影响，以及如何帮助想要戒酒的人。但是从来没有人教给我用这种方法来思考喝酒的问题。除了上大学时我的相关课程的教授给过我们一个有科学依据的宿醉治疗方法，没人和我讨论过什么是负责任的饮酒。

我想用同样的方法来讨论愤怒，讨论什么是负责任的愤怒管理。我们可以决定自己是否生气，不仅如此，在生气时，我们可以有更多的应对之策，而不仅仅是去尝试和寻找放松的方法。事实上，当你被激怒时，你的愤怒程度只是一个更大、更复杂的方程式的一部分。

在本书中，我们将探讨导致你生气的诱因，你被激怒时的想法，以及生气时你的行为。当以这种方式模拟了愤怒之后，我们就可以在这个模型中的任何一点对其进行干预，更有效地应对它。我希望帮助你在准备应对这些诱因和塑造你的想法方面发挥更积极主动的作用，从而以更健康的情绪生活；我希望帮助你从更广泛的层面上思考愤怒管理，而不仅仅考虑如何才能少生气或者生气时应该如何放松；我希望帮助你了解自己的想法、当前的情绪状态和最先刺激你、惹你生气的复杂关系模式，以及一旦你感觉到愤怒的时候，你应该如何进行自我调节，如何能够以积极的、有成效的和亲社会的方式去使用这种愤怒。

我们为何
愤怒

第二章

为什么我们

会生气

Why We Get Mad:

How to Use Your Anger for Positive Change

## 我会在你睡着时"杀了"你

我的朋友诺亚（Noah）是一名职业演员。他在中西部的各个剧团演出，除此之外的时间用来教授即兴表演、戏剧入门和配音等课程。第一眼见到他，你会觉得他非常好相处，很容易交流。他有很多有趣的话题可以聊，是一个很好的倾听者，人也很幽默。他非常关心政治，和他谈话时经常会被转到政治问题或者其他与正义和公正相关的问题上。

我想见他，是因为一周前他跟我分享了一个关于他如何在一次演出中对同事发脾气的故事。[①]他大体讲述了一下事情的来龙去脉，听起来很有意思。我对故事的结尾部分尤其感兴趣，最后诺亚对惹他生气的那个同事说："如果明天晚上发生同样的事，我会在你睡着时'杀了'你。"

我想了解更多的内容，所以打算跟他约个时间坐下来详谈，并问他是否可以录音。他说没问题（我说过，他人真的很好，而且很健谈）。我们约在他的办公室见面，让我惊讶的是，他的办

---

① 人们喜欢给我讲他们的愤怒故事。这是作为一个愤怒研究者的职业危害。

公室和我的想象有很大出入。办公室非常大，但里面没什么东西。墙上空空的，只有几张海报，看上去已经挂在那好一阵儿了（可能比他在那里工作的时间还长）。"这就是你的办公室？"我问。

"没错。"他犹豫了一下，环顾四周，一脸的失望。"我和别人共享这个地方，所以不能完全按照自己的意愿来布置它。"怪不得呢，他的回答解释了我的大部分疑惑。他曾经跟我说他的灵感来自周围的环境，因此我本以为他的办公室会更有趣。

我请他为我详细说说这个故事。我告诉他①，我要给他做一张"愤怒事件示意图"，这是我在我的情绪课程以及愤怒管理研讨会中会使用的方法。通过绘制示意图，我们将愤怒事件分解成所有导致或加剧愤怒的不同因素。这是我想教你做的事情，因为我认为能够做到这一点对健康的愤怒管理至关重要。

他告诉我当时他在参加舞台剧《金枪鱼的圣诞节》（*A Tuna Christmas*）的演出。他对这部剧的描述听起来像噩梦一样。不是说演出不好看，其实演出听起来还不错，而是说演员在其中参加表演的部分听起来很可怕。该剧的演员只有他和艾伦（Allan）两个人，他们每个人都要各自扮演八到十个不同的角色。这就意味

---

① 尽管人们喜欢把自己的愤怒故事告诉我，但他们并不一定喜欢听我对此的看法。

着，整场演出过程中要进行很多次的"快速换装"。他需要到台下更换演出服，两次换装之间往往间隔不到30秒，随后，演员就得重新上台。

演出时间是2小时，参演的两个演员需要给所有台词配音，要记的东西非常多。他们有两周的排练时间。正如他所说，从第一天开始，压力就很大。演员必须在短短两周内把所有台词都背下来，弄明白如何更换演出服，并演好他们需要扮演的那八到十个角色。在这部特殊的作品中，只有为数不多的道具，所以大部分是无实物表演。当他拿起一个想象中的咖啡杯，或打开一个想象中的烤炉时，他必须记住要把那个咖啡杯放到哪里或者要记得关上那个烤炉门。[1]这一切都需要很多的技术技巧，就像他说的，"当事情出错的时候，你会很容易发脾气"。

这个故事的关键点是发生在舞台下的"快速换装"过程。因为台下总共有三个更衣区用来换衣服，所以他们必须记住自己要在哪一个更衣区来更换哪一套衣服，从头到脚，大部分时候假发也得换。诺亚在剧中扮演三个女性角色，每个角色都有自己专用的假发。为此，剧组安排了两名服装师来负责保持更衣区的有序性，并确保演员可以拿到他需要的所有东西。当他下台时，换装

---

[1] 我在想，这有什么。忘了关想象中的烤炉门又如何？但他说，如果你忘了观众会注意到的，之后观众会告诉你。我相信他是对的。我的孩子们总是会注意到我没有关上想象中的烤炉门。

所需物品应该按照他的要求提前摆放好。服装师需要参与整个排练，因为对于《金枪鱼的圣诞节》来说，如何确保服装更换得正确无误对这部作品的成功至关重要，大家需要时间来磨合。

最后一次彩排时，其中的一名服装师犯了个错误。这并不是他第一次犯这种错误。正如诺亚所说："珍珠阿姨的造型是我扮演的角色里最难的，她有很多装饰品：手套、眼镜、帽子，还有一身裙子。本指望他能在我演完前一个角色时为我准备好那条裙子。因为前一个角色的造型包括工装裤、运动上衣、帽子和鞋子。"

诺亚需要跑回更衣区把这些都脱掉，然后换上"珍珠阿姨"的造型。这是他此次演出中需要用最少时间做出的最大变化。排练时，他们已经练了好几遍。但是当他从台上回来时，却发现该服装师还没有把需要的物品准备好。"裙子在地上堆成一堆，我不知道鞋子在哪里，手杖在衣架的另一端，而不是在它应该出现的地方。手套揉成一团，和我上次刚脱下来的时候一个样。"

诺亚很着急，忙乱中把衣服穿反了。他穿裙子的时候服装师想给他戴上耳环。"你离我远点！"他对服装师喊道。服装师随即退下。诺亚吃力地穿着裙子，这个时候他的怒气开始积聚。裙子上的珍珠项链搭在他的脸上，他把项链扯下来，一部分是因为愤怒，一部分是为了把裙子穿上。

因为这是一次彩排，现场只有导演、一个负责拍照的摄影师和其他几个参与制作的工作人员。诺亚叫停了彩排，他觉得自己需要时间把所有东西都整理好。他看着这名服装师，再次说道："你离我远点。"随后他深吸了一口气，换好衣服，回到舞台现场。

第一幕结束后，诺亚回到更衣室，希望自己能冷静下来。可是他说他越想越心烦，注意力大受影响，于是他跑去跟艾伦抱怨这件事。事情结束后，他告诉我把事情讲出来的感觉非常好。然后，他换好下一场戏的服装，这样，在接下来的演出之前就不会再有时间上的压力了。随后他坐下来，试着放松。他喝了几口水，思考什么是重要的。"当然是演出最重要。"他说。他想把注意力集中在接下来的表演上，不再去想刚才生气的事情。

他完成了排练，但因为生气，他在接下来的演出中感觉很不好。"这种愤怒的感觉像海浪一样冲刷着我，即使愤怒的浪潮退去，我身上也已经被打湿了。之前的愤怒依然影响着我的注意力，我能察觉出来。"

演出结束后，诺亚脱下演出服，做了一些深呼吸来帮助自己放松。晚上离开之前，他想和服装师谈谈。大家当时正在为第二天晚上的演出重新布置剧场。他把他的服装师叫出来，服装师不停地跟他道歉，但诺亚已经听够了，他不想再听这些。

"我想对你说的是，"诺亚向我描述当时的对话，"首先，我很抱歉，在换服装出现失误的时候我在后台发脾气了。希望你可以理解，当整场表演只有你和另一个演员的时候，在脑子里需要记住2小时的台词有多难。我有太多事情要做，而你和达娜（Dana，另一个服装师）需要做的就是帮助我和艾伦解决换服装的问题。因此，你们在整个过程中非常重要，在谢幕时也会同我们一起出场向观众致谢。你们帮助我们在一个有条理的环境下完成表演。因此，在排练时你应该把要点记下来，时刻想着下一步要做什么，然后开始做准备。我不希望自己下台后还需要想着如何换装。这是你的工作。我这么生气是因为我很认真地对待这个演出。这是我的工作。如果表现不好，我可能会被解聘，就这么简单。这就是我要努力做到最好，也坚持要求和我一起工作的人也要做到最好的原因。我很喜欢你，觉得你不错，抛开这次失误来看，我觉得你是最棒的。但是如果明天晚上发生同样的事，我会在你睡着时'杀了'你。"

当听到诺亚最后那句话时，服装师笑了，诺亚又补充了一句："我可不是闹着玩的。"①

---

① 诺亚向我明确表示，他不会伤害他的服装师或其他任何人，这只是个非常空洞的威胁。然而，他说"我不是闹着玩的"的时候是认真的。诺亚确实觉得演出这件事情需要被认真对待。他在努力地想知道该怎么做才能解决这个问题，而威胁，哪怕是空洞的威胁，也会是他最好的选择。

## "我们为什么会生气"的模式

我所做的很大一部分工作就是研究这样的事例，从而更好地理解人们为什么会生气。现在工作的很多方面，和我小时候做的事情是相似的。在整个童年生活里我一直想弄明白，我父亲为什么会生气。当然，那个时候并不是为了研究学术上的问题，而是出于自我保护。我需要知道他为什么生气，更想知道他是不是在生我的气。如果是因为我，我需要跟他道歉又或者远离他。①

为了回答这个问题，我使用了杰里·德芬巴赫（Jerry Deffenbacher）博士在1996年出版的《减少愤怒的认知行为方法》中介绍的一种模型[4]，我在自己所教的关于情绪的每一门课以及每一次有关愤怒的演讲中都会讲到这个模型。我认为它完美地描绘了人们为什么会生气。我想如果每个人都能理解它，并能将它应用到自己所处的情境中，他们就会拥有更健康的情绪。下面，我会为大家准备一些这方面的练习，教大家通过使用"我们为什么会生气"的模型（见图2-1）来认识愤怒。

---

① 人和动物在愤怒时的面部表情让周围的生物知道该如何接近他们，或者不要接近他们。

图2-1 "我们为什么会生气"的模型

**触发事件**。德芬巴赫把愤怒看作三个因素复杂交互作用的结果：①触发事件；②预生气状态；③个体对情况的评价过程。我们先从触发事件开始，我也喜欢称之为"愤怒催化剂"，即刺激你产生愤怒的原因。在上述诺亚的案例中，愤怒的原因是他的服装师没有把要更换的服装准备好。引起愤怒的触发事件往往来自外部，这些外部事件刺激你产生愤怒情绪（比如上班路上遇到一连串的红灯）。它可能包括我们认识的其他人的行为（配偶忘记将牛奶收到冰箱里）或陌生人的行为（遭遇堵车）。它可能是一些特殊情况（在度假时经历了严重的航班延误），可能是与你没有直接关系的事件（你不认可的发生在别人身上的某件事情），也可能包括一些很大程度上是自己犯的错（你把车钥匙放错了地方）。

记忆也可能成为愤怒催化剂，你所处情景里的某件事触发了与愤怒相关的记忆，而这个记忆引起了你的愤怒。你看了一部关于办公室恋情的电影，它让你想起之前伴侣的不忠。你在脸书（Facebook）①看到老同事的照片，它让你想起在工作中曾经

———————

① 现已更名为元宇宙（Meta）。——编者注

常感到他们对你的不尊重。这些情况下，触发事件并不是引起愤怒的直接原因，而是那些与愤怒相关的记忆间接导致了你的愤怒①。 5

　　或者，让我们生气的不是记忆，而是由此引发的想象。我有一个合作过的来访者，她需要和同事进行一场在她预想中不会愉快的谈话。她做了最坏的打算，设想了所有在谈话时对方可能说的内容，仅仅是想到这些，她就已经开始生气了。在谈话发生的前几天，她已经做了会遭遇不顺的预测，为还没有发生的事情开始发火。事实上，她和同事的谈话进行得很顺利。对方非常积极，并没有说任何她想象中的那些令人不快的话。这说明，她实

---

① 永远不要怀疑回忆中愤怒的强度，它是非常真实的。在我喜欢的一项研究中，保罗·福斯特（Paul Foster）和他的同事比较了回忆中的愤怒情景、想象中的愤怒情景和当前的愤怒情景。他们的做法是，在要求受试者想象愤怒的情景或回想过去发生过的愤怒情景之前，给受试者挂上心率监测器和皮肤电导（测量出汗情况）。对于"实际愤怒"组，在他们连接到测量设备后，他们被告知设备出现了故障，不能进行实验。这些受试者是为了班级学分而去的，然后被告知，他们不会得到实验的学分。接下来的几分钟，研究人员对受试者的问题置之不理。当受试者因受到这种对待而变得愤怒时，设备测量了他们的出汗和心率。他们发现了什么？三组人都变得愤怒了，但想象组和回忆组都比"实际愤怒"组更愤怒。不过，这里特别有意思的是，仅仅是回忆发生在你身上的挫折性事情，就可以增加你的心率，会让你出汗。

在不应该花那么多时间为尚未发生的事情生气。

归根结底，尽管有一些常见的引起愤怒的原因，但任何事情都可能成为愤怒的触发事件。我问了很多人，"什么事会引起你生气"，他们给的答案五花八门。他们举了一些具体的事例，比如在杂货店买东西，后来发现买的东西已经过了保质期；或者父母在送孩子去学校的时候看到别人没能把车停在正确的停车点。他们甚至提到某些具体的设施，比如把水溅到身上的水槽，或者是总也排不到头的加油站等。

这些事例可以被归纳为三个相互交叉的大类：不公正行为、糟糕的待遇和目标受阻。有些人在察觉到缺乏公正时会愤怒。即使只是看到其他父母接送孩子的时候乱停车，也会感到公正的缺失（"为什么我们其他人必须遵守规则，你却可以违反规则？"）。同样，大多数人都会因为遭受到他人的恶劣对待而生气。当自己被欺负，受到他人欺骗，或者感到不被尊重时，他们会生气。与此同时，有些人告诉我，他们会因为其他人受到恶劣对待而愤怒。例如，服务人员被恶劣对待或者动物被虐待，都会惹恼他们。最后，在自己目标受阻或着手的事情进展缓慢的情况下，有些人会生气。你可以从送孩子上学（记住，事件的分类有可能重叠）或买到过期食品（"好吧，现在我需要回去买更多的牛奶"）等例子中看到这一点。当人们试图达成某个目标时，无论那个目标多小多简单，那些阻碍他们的因素也会导致愤怒的产生。

**预生气状态**。德芬巴赫模型的第二部分——预生气状态在复盘诺亚表演的挫折感时，是非常有意义的。当我们在感到压力、疲惫、饥饿、太热或太冷，或者其他的负面状态时，那些触发事件或者愤怒催化剂就会让情况变得更糟。

在排练期间，演出让诺亚感到很大压力。他肩负着相当大的责任，需要为饰演的多个角色记住台词和准备要更换的造型。他描述说，因为灯光的照射以及频繁更换演出造型需要花费大量的体力，他热得满头大汗，而且演出时间非常紧张，他需要在下一场戏前及时换上新造型。因为种种因素的叠加，他很可能比平时更容易发火。

如果你从模型的前两部分，即触发事件和预生气状态两方面来考虑这种情况，事情是这样的：他有一个目标（进行一场精彩的表演），而他的同事却阻碍了该目标，目标受阻导致挫折感增加，当你把预生气状态的压力也考虑进去时，会加剧这些感受。如果你再加上额外的负面情绪（前一天晚上没睡好所以很疲劳；错过了午餐所以肚子很饿），挫折感会更大。假设这不是最后一晚的排练，他也有可能对演出的状况没那么担心并做出不同的反应。如果环境变了，预生气状态也会随之改变。

触发事件可能加重愤怒的程度，在触发事件发生之前你可能处于各种各样的状态之中，有些是生理层面上的（劳累、饥饿、身体不舒服），有些是心理层面上的（焦虑、压力、悲伤、挫败）。此外，你在事发时正在做什么也颇为重要。这就是为什么人在开车的时候特别容易生气的原因之一。因为开车这个活动的性质就决定了它会激活一些预生气状态（焦虑、压力等）。沿着这个思路，我们能够看到有一些证据表明，正在看手机的父母比不看手机的父母更有可能对他们的孩子发火。①

**评价过程**。在德芬巴赫的模型中，第三部分最重要。前两个部分——触发事件和预生气状态，会被纳入一个评价过程。评价指的是我们如何判断或解释我们每天的经历。当我们面对一个愤怒催化剂时，无论是同事没有履行工作职责，还是其他家长没有正确停车，或者是在路上被人按喇叭……我们必须先判断这个事件意味着什么。正如德芬巴赫所描述的那样：

如果认为触发事件是故意的、可预防的、不合理的、可责备和可受惩罚的，则愤怒程度会增加。

---

① 珍妮·雷德斯基（Jenny Radesky）和她的同事于2014年在快餐店做了一项观察研究，他们观察了家长与孩子一起吃饭的情况。他们记录了谁在使用手机（频率和时间）以及他们如何对待孩子。研究发现，73%的家长在吃饭时使用手机，使用手机的家长比不使用手机的家长对待孩子更严厉。有一次，一位家长在桌子下面踢了一个孩子。还有一次，当孩子试图把家长的脸从她正在看的设备上抬起来时，家长推开了孩子的手。

要想被一个思想封闭的人激怒，你必须先认为思想封闭是错误的，并认定这个人的行为意味着思想封闭。这两者都是对一个人或情况的评价或解释。它们都反映了一种更开阔的世界观（"人们应该思想开放"）和对当事人的判断（"这个人思想不开放"）。这些解释可能是准确公正的，但它们仍然只是解释。

让我们以学校误用下车点为例。我和一个认为这是她生活中常见的愤怒催化剂的人交谈的时候，这位女士说，"他应该把车开过来，停在某个下车点，把孩子们放下然后开车离开那里。停留时间不应该超过30秒。他不应该在那和别人说话，更不应该下车。有的人会提前让孩子们出来，这是不对的，他们有时花太长的时间说再见或者跟熟人在那儿聊几分钟。所有这些都会妨碍到我，令人超级恼火。"

当你仔细阅读上述描述时，有很多关于其他人应该如何表现，以及他们应该做什么的陈述。我问这位女士这些是不是学校制定的明文规定，以及它们是如何被执行的，她说："学校有安排专人在那里鼓励大家注意安全和快速通行，我讲的这些都是常识罢了。"

所以这些规则基本上是不成文的，很可能并没有被普遍接受或理解。只是这位家长对其他家长如何使用学校下车点接送孩子的行为做出了自己的判断。她对其他人的行为进行评价，认为他们的行为不合适，当他们不和她一起遵守她认为的规则时，她就会变得很生气。郑重声明，我基本同意她说的那些规则。如果我觉得人们很没礼貌或停留时间过长，我也很可能会生气，但这不是重点。这里的重点不是要判断这位女士的愤怒是否合理，重点是她的愤怒源于她对事件的解释，而不是事件本身。

这种希望别人应该如何行动的倾向在愤怒人群中是相当常见的想法类型。心理学家有时将其称为"他者导向的应该"。与之对应的是"自我导向的应该"①，也就是我们决定自己应该或不应该如何行动，如"我不应该没有时间吃晚餐""我应该多看书"。不出意料的是，"他者导向的应该"和愤怒相关，而"自我导向的应该"与低自尊、内疚、悲伤和抑郁有关。其实有许多不同的想法类型都与愤怒相关，我们将在后文中对评价过程和愤怒想法进行更具体讨论时，详细介绍所有类型。

评价过程可以分为两部分：初级评价和二级评价。到目前为止，我主要关注的是初级评价，也就是我们通过判断触发事件来确定是否有人做错了什么。二级评价则是评价情况有多糟糕，以及我们是否能应对它。当我们认为情况的确很糟糕时，会愤怒得多。你可以认为一个人做了错事（初级评价），但最终不会很生气，因为你认为该行为的结果对你来说不是多大的问题（二级评价）。但当你认为某个特定的情况是灾难性的，而你又无法应对

---

① 理性情绪行为疗法的创始人阿尔伯特·埃利斯（Albert Ellis）经常用"别再自责"来引导人们，因为自责可能导致悲伤或抑郁。他同样认为，"必须强迫症"也是类似的问题。不过在愤怒的情况下，问题往往是"责怪别人"。

时，你就更容易生气了。

如果你思考一下诺亚的例子，从二级评价的角度，你可以看到他的愤怒是如何升级的。"服装师应该做好自己的工作"是初级评价；"这个失误会毁了这场演出，我不会再被聘用了"是二级评价。如果你去掉这个二级评价，事情对他来说只是很沮丧，但如果这个结果对这次演出和他未来的工作前景造成灾难性的影响时，事情将变得很糟糕。

当然，评价过程因人而异。没有一种一贯正确的方式来解释所有情况（虽然可能有一些不正确的方式），一个人认为"这是不对的，太可怕了"，对另一个人来说却是"我很失望，但这不是世界上最糟糕的事情"。当我们探究为什么有些人比其他人更容易愤怒时，我们发现很多时候都归结于遇事时个体所采取的不同评价风格。有些人更容易从负面角度对事情和他人进行评价。当事情出错时，他们有可能责备别人，有可能将消极的情况评价为灾难性的，更有可能认为他们根本无法应对那些情况。

## 不合理的反应

我再举一个愤怒程度更高的例子。美国国庆节（7月4日）那天，我和妻子在公寓里举行了一次小型聚会。上午我们前往超市，买了一些零食和饮品，包括啤酒。因为当时已经是11点半左右，不久后客人们就会来我们家，所以时间上有点紧张。当我想结账的时候，收银员对我说："对不起，中午之前我不能卖酒。"

是的，我把密西西比州周日的中午之前商家不能卖酒的特殊法律忘了。我看了看表，当时大概是11点45分，所以我想我可以等15分钟之后再买啤酒。于是我先把其他物品的账结了，把东西拿到车上，15分钟后再进去买酒。当我再次结账的时候，收银员又说："对不起，中午之前我不能卖酒。"

我说："我知道，但现在是12点5分，所以可以卖酒了。"

她看了看收银台，说："可是收款机显示的是11点40分。"

"好吧，但收款机的时间是错的。"我回答。

"是的，但是如果它上面显示的时间不到12点我就没办法卖酒。"

"这太愚蠢了。"我说。

"真是对不起。"她说。

我苦苦哀求，但收银员说自己也无能为力。收款机上面的时间显示被绑定在某个公司的时钟上，她无法对此做任何更改。"这些设计是为了防止商家在中午之前出售酒类，"她说，"只要我再等15分钟，就可以付钱走人。"

"不，"我说，"我要到街对面的超市去买。"

我必须承认去街对面的计划有点儿蠢。等我们回到车里，开车到街对面，把车停好，走进超市找到啤酒，大概也得要15分钟，我不会节省任何时间。不过，我觉得这是原则问题。我对这家超市非常生气（性能不佳的收款机阻碍了我的目标），我不想从那儿买东西了。

于是我们去了街对面的超市，买了剩下的聚会需要的东西后离开那里。我们很着急，因为当时已经是中午12点20分左右，客人也将很快到达我们的住处。当我从停车位上倒车出来的时候，我看到有一辆车向我们驶来。那辆车离我们并不是很近，我倒车出来不会挡住它，但我们之间的距离也不是很远。一般情况下，我会停车，等对方先过去。但当时我很着急，觉得继续倒车出来也没什么大不了的。

我错了。至少对那个司机来说，这是个大问题，因为他开始疯狂闪灯和按喇叭，让我知道我挡住了他。

在告诉你接下来发生的事情之前，我想先做个铺垫。这并不是在为自己的行为开脱，只是想对这件事的预生气状态做个解释。我度过了一个令人感到挫败的上午（目标受阻），整个上午，没有什么事情是对的。超市里发生的事情让我很烦躁，感到无助和恼火。我很紧张，因为我要迟到了。我很饿，因为已经到吃午饭的时间了，而我还没有吃东西。我很热，因为那是7月的密西西比州，在过去的一个小时里我多次进出超市，而且我被另一个司机激怒了。所有这些因素综合在一起，我气炸了。

于是我在开车经过他身边时，对他竖起了中指。这并不是我第一次在路上这么做。不过，出于你待会儿就会明白的原因，从那以后，我再也没有这样做过。当我开车离开时，我从后视镜里看到他的倒车灯亮着，他正在调头。很明显，他是要来追我们。

我对妻子说："哎呀，这下可好了。"

"什么？"她说。

"他要来追我们了。"我告诉她，然后开始加速离开。我当然不想和任何人打架。我向他竖起了中指，原因和他向我闪灯一样，让他知道我很生气。我后悔把事情升级，不想把它变得更糟。当我再回头看时，他已经完成了调头，而且速度更快，接下来就是一场短暂而又惊心动魄的汽车追逐战，我们穿过超市停车场，来到附近的街道上。

那个司机开着车来追我。我不仅担心妻子，还担心周围其他人。几分钟后，他成功地开到了我的前面，把车横停在我左边的逆向车道上截住了我，我要么撞上他的车，要么开出马路，要么停下来。于是，我停了下来。他从车里钻出来，绕过他的车后侧向我跑来。此时，我以最快的速度倒车、掉头离开。由于他下车时，他的车是朝向另一个方向的，所以没有办法很快追上我们。

整件事让我和妻子都很不安。时至今日依然如此。每当我想到所有可能发生的坏事时，我就害怕得要死。如果他抓住了我们，他肯定会想方设法狠狠地伤害我。或许他只是想打我一顿，但如果比这更糟糕呢？如果他有枪呢？路怒症所导致的暴力甚至死亡的例子有很多。如果他也是其中之一呢？

那些都是可能发生在我和妻子身上的坏事。无论是那辆车的司机还是我，也都有可能在无意中伤害到别人。你在停车场里超速行驶，会把其他人置于危险之中。如果撞上了另一辆车呢？如果撞到了行人呢？在那几分钟里，可能会发生无法预测的坏事，这一切都是出于最初那个愚蠢的原因：我当时心情不好，被激怒后失去冷静，对别人竖了中指。

在我继续说下去之前，我只想指出那辆车的司机反应是多么夸张。我不应该对着他竖中指，但我从未想到他会有这样的反应。我敢打赌，这辈子我在路上被人指指点点了得有几十次，但从未想过要去追赶对方。我想知道，那天在他身上到底发生了什么，我想知道他那天上午是怎么过的。他是不是和我一样，经历了一系列的小麻烦，所有的小麻烦积累在一起，导致他的崩溃。也许那不是一系列的小麻烦，而是某个重大的损失，让他伤心、害怕、愤怒。如今，他会不会后悔当初自己做出的那个追赶我的决定？他是否庆幸我逃过一劫，因为如果他抓住我，事情可能会变得更糟糕？还是他仍然想着如果能抓住我该有多好，并给我一个教训？答案对我来说永远是未知数，但是有关他是如何经历这一切的，希望我可以了解得更多。①

———————————

① 换位思考是当我们可以从另一个人的角度考虑问题时的一种真正有价值的方法，用以减少人际愤怒。事实上，菲利普·莫尔（Philip Mohr）及其同事在2007年的一篇文章中指出，换位思考能力与慢性愤怒呈负相关。

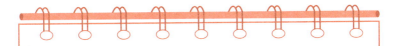

## ▪️❮ 练习：图解你的愤怒事件

要想更好地管理自己的愤怒，一个好的开始是将生活中的愤怒事件绘制成图表，通过阐明以下三个部分的每一个：触发事件、预生气状态和评价过程（包括初级评价和二级评价）。首先选择一个你愤怒的时间。选择近期发生的事情，你能清楚地记得发生了什么事，事情发生时你的心情，以及你的想法。

**触发事件**。触发事件就是引发愤怒的那个事件。人们经常把它描述为使他们发怒的事情。在这种情况下，刺激因素是什么？要具体一点，引起你反应的具体事件、情况或行为是什么？当你完成这些后，花点时间考虑一下这是哪一种刺激（比如不公正、糟糕的待遇、目标受阻）。最后，用分数1（完全不生气）到10（强烈的愤怒）来评定你的愤怒强度，见表2-1。

表2-1 愤怒强度评定表

| 触发事件 | 主要类型（不公正、糟糕的待遇、目标受阻） | 愤怒强度（1—10） |
|---|---|---|
|  |  |  |

预生气状态。现在，描述一下你被激怒时的状态。你是不是感到疲倦、饥饿、压力大或者焦虑？也许你已经在为别的事情生气，或者你因某事而迟到了？

评价过程。回忆你在那一刻的想法。你对这个触发事件有什么想法（初级评价）？你对自己应对触发事件的能力有什么想法（二级评价）？有可能当时你并没有意识到自己是这样评价该情况的。然而，现在你有机会回过头来想一想，当时你是如何评价的?

愤怒回应。愤怒事件的这三个要素和我们愤怒时的实际行为是分开的。我已经描述了几个不同的愤怒实例，我们看到了几种不同的反应。在一个例子中，愤怒导致了言语威胁（"我会在你睡着时'杀了'你"）。而在另一个例子中，愤怒导致了战斗的欲望和在超市停车场的汽车追逐。正如我们将在本书中经常讨论的那样，愤怒可以有多种表达方式。在你分析的事例中，你是如何应对的?

## 愤怒对我们有什么好处呢

当我们想到停车场追车这样的案例时，很容易就会觉得愤怒怎么可能给我们带来什么好处呢？因为愤怒引起了一场可能导致人员伤亡的冲突。可是，我为什么说愤怒可以成为一种对我们有益的力量呢？

要回答这个问题，我们首先需要思考愤怒为什么会存在。它的出现并非偶然，那么人类是如何以及为什么会发展出这种受了委屈就想发火的情绪欲望的呢？下一章将详细解释这个问题。

# 愤怒的
# 生物学

第三章

## 最近一次生气的时候

请回想一下，你上一次真正生气是什么时候；不是略有不开心，而是怒火中烧。如果用我曾提到的愤怒强度评分表来估算，就是你的愤怒分数为10的时候。那一刻你是不是有点失控了？或者虽然没有失控，但你必须离大家远一点，以免做出一些自己可能后悔的事情。现在用我们在第二章讨论过的模型来描绘这个情境。触发事件是什么？事情发生时你在做什么，心里面的感觉是什么？你是如何解释这个触发事件的？这三个要素（触发事件、预生气状态和评价过程）是如何结合在一起从而导致了你的暴怒？

做完这些之后，花点时间想一想当时在你的身体里发生了什么。想想你的心脏、肌肉、胃有什么感觉，以及你能听到和看到什么。想一想下面这些身体部位，并描述它们在愤怒发作时的感觉和活动：

心脏：

肌肉：

胃：

嘴：

脸：

手：

我猜测可能会出现下面所描述的状况。你心率升高，肌肉紧张。你的脸可能变红了，呼吸开始变得更急促。你或许会抿嘴，皱眉头，甚至张大鼻孔。你气急败坏，可能已经开始发抖，嘴巴变得干涩。人在极度愤怒的情况下，有时甚至会出现隧道视觉①，例如视野范围缩小等。如果你从来没有经历过如此强烈的愤怒，有可能你不会感受到这一切，但有可能在某些情况下（或者经常）你足够接近这种愤怒状态，所以能理解这些感觉。

## 内在状态

我们在第二章主要谈论当你生气时，你的身体外部发生的故事。与此同时，你的身体内部也发生了有趣的故事。它始于你接受了一些被你判断为会引起愤怒的信息的那一刻。这些信息通过感官，通常是眼睛和耳朵传入。比如，在排队时看到一个人在你前面插队，或者听到一个人叫你的绰号。这些信息由大脑深处的一个杏仁状的小组织接收，这个组织叫作杏仁核。②

杏仁核。杏仁核通常被比喻为大脑深处的情绪计算机。就像

---

① 隧道视觉指紧张和压力会导致人们的视野变狭窄，敏感度降低。——编者注
② 事实上，这名字来自它那酷似杏仁的形状。同样，杏仁核的一个相邻组织是海马体，因其外形与海马相似而得名。

计算机一样，杏仁核负责处理来自外部世界的数据并启动情绪反应。杏仁核位于人的大脑边缘系统，左右两侧各一个，研究表明，二者可能会启动不同类型的情绪反应，左侧的杏仁核偏向启动积极的情绪，右侧的杏仁核偏向启动消极的情绪，比如恐惧和悲伤。[6]

他们通过将电极插入人的杏仁核来进行这项研究，刺激它们，并观察它们的反应。这种方法不仅被用于研究，而且还被用于治疗。在一个著名的案例中，弗农·马克（Vernon Mark）医生通过这种方法评价和治疗了一名女性患者的暴力冲动。患者在婴儿时期就患上了脑炎，几年后开始出现癫痫症状。她曾在12个以上不同场合里对他人进行过人身攻击，有一次，她在电影院刺伤了一个撞到她的陌生人。马克医生开始为她做治疗时，她已经21岁了，他们尝试了多种治疗方法，包括药物治疗和电击治疗，但都没有效果。

马克医生认为，问题的根源与她的杏仁核有关，正如1973年《纽约时报》（New York Times）的一篇文章所描述的那样，"通过在患者的头骨上钻的小孔，马克在她的大脑中植入了电极。这些头发丝模样的电极能够持续监测她大脑的电信号，并向杏仁核发送阵阵刺激电流。"有一天，患者正在弹奏吉他，当时大脑的电信号正在被监测，她突然"龇牙咧嘴，脸部因愤怒而扭曲，把吉他扔到墙上砸得粉碎"。当这一突发事件发生时，她的大脑——

特别是她的杏仁核周围的区域——已经发出了一连串符合癫痫发作的电信号。

不过，这并不是马克医生唯一的证据。实际上，他能够通过向"杏仁核发出阵发性刺激电流"来产生同样的攻击行为。从本质上而言，马克医生能够通过刺激杏仁核来复制那些同样的攻击行为。在这个案例之前，已经有传闻证明攻击行为与某些形式的癫痫有关，但这是第一次通过正式研究在两者之间建立联系。

这个案例中还值得一提的地方，是马克医生能够通过精神外科手术来治疗患者的攻击行为。在确定患者的攻击行为发作的信号源头来自她右侧杏仁核附近后，马克医生切除了她的一小部分杏仁核。其结果是在接下来的5年里，在患者接受监测的过程中，她的癫痫发作次数有所减少，且再没有发生过攻击行为。

那么我们的情绪计算机在接收和处理信息后会做什么呢？当杏仁核判定你应该感到害怕、悲伤或我们这里讨论的"愤怒"时，它们会向大脑中的其他一些结构发送信息，并引发一连串的生理和行为反应。其中一个与之交流的结构是它们的邻居——下丘脑，一个位于大脑底部的小结构。

**下丘脑。** 下丘脑位于大脑底部，它是你大脑中负责维持"平衡"的部分。总体来说，下丘脑帮助你保持舒适。它负责调节体温，控制饥饿感，以及其他与睡眠、血压等有关的日常生活节奏。这里最重要的是，它有助于调节你的情绪反应，因为它控制着你的自主神经系统。

你也许还能隐约记得一些在高中生物课上学过的内容，让我们来简单复习一下，你的自主神经系统有两个主要分支：副交感神经系统（休息和消化）和交感神经系统（战斗或逃跑）。当杏仁核触发情绪反应时，它们向下丘脑发送信息，激活战斗或逃跑反应。下丘脑告诉身体的其他部分将其重点从标准操作模式（平衡状态）切换到防御模式。它在说："嘿，危机预警！准备战斗！"

**战斗或逃跑反应**。这个时候你开始在身体上感受到愤怒情绪。下丘脑现在已经触发了大脑中其他结构，释放激素，以提供能量。肾上腺素飙升，心率加快、呼吸急促、肌肉的血流量增加，这是身体帮助你应对威胁或不公正的机制之一。通过加快呼吸和心率，氧气和葡萄糖可以更快到达肌肉，从而使你能够更快地移动，并有更大的能量和力量，肌肉的血流量增加，血管扩张，有更多的血液流向脸部，这也是你的脸会变红的原因。

同时，肌肉也会紧张起来，为行动做准备。我们经常注意到随着时间推移出现的这种紧张，在习惯性愤怒的情况下会导致一些相当严重的肌肉疼痛。但在当时，我们可能会战栗和颤抖，特别是我们的双手。这种颤抖来自与战斗或逃跑相关的肌肉紧张以及多余的能量，身体做的所有这些额外工作会产生热量，所以你可能会开始出汗，这有助于生气时能够冷静下来。

在愤怒的生理反应期间，我们消化系统的供给也会放慢速度。虽然这经常会被人们所忽视，但有一点很明显，那就是这个时候我们会变得口干舌燥——唾液的分泌是消化的第一步。当我们处在危机状态下，消化系统并不是我们大脑认为至关重要的东西，所以我们的能量被转移到了其他地方。当我们的血液流向肌肉时，消化系统减缓供给：你的胃会停止消化酶的分泌，肠道肌肉跳动停止，不再将食物推入消化循环中。

令人惊叹的是这一切发生得如此之快。在一瞬间，你的大脑协调这些不同的结构和器官做出反应并采取行动，①而这只是你的大脑自动协调的结果。几秒钟后你开始有意识地选择如何处理这种愤怒，这一切都发生在大脑的另外一个完全不同的部位——前额皮质。

## 前额皮质

在前额的正后方，有个组织，很多人都说是它赋予我们人性。它就是前额皮质，它参与你的规划、决策、社会行为以及其他高级认知任务，心理学家通常将其称为 "执行功能"。这个组织与愤怒的表达、控制甚至压抑有直接的关系。当你被激怒时，会立即感受到愤怒的生理感觉，但是你的前额皮质是决定自己如

---

① 从这种精力充沛的状态中恢复过来需要更长的时间——大约20分钟，这一点我们将在后面谈及慢性愤怒对身体健康的影响时继续描述。

何处理愤怒的地方。

可悲的是，我们对前额皮质的了解，大部分都是通过其受伤案例得来的。例如，25岁的建筑工人菲尼亚斯·盖奇（Phineas Gage）在工作中遭遇可怕的脑损伤，这是一个比较有名的案例。盖奇在铁路建设工地上班，负责爆破岩石，在一次作业时发生了意外。爆炸导致一根钢管从爆破孔中发射出来，扎入他的脸。钢管长3英尺（1英尺=30.48厘米）多，直径1英寸（1英寸=2.54厘米），末端是尖的，用来将炸药装入爆破孔中。钢管的尖头从他左脸颊下方穿入头部，经过左眼球后方又从颅顶飞出去，在空中飞行一段距离后落在他身后80多英尺的地方。

虽然这一切都很可怕，但接下来才是真正令人震惊的部分。盖奇竟然活了下来。不仅如此，他在事故发生后的几分钟内就可以开口讲话，不到一个小时后去看医生的时候，他已经能够在没有人帮助的情况下行走了。[1]

---

[1] 约翰·马丁·哈洛（John M. Harlow）医生在事故发生后对盖奇进行了评价，相关内容发表在1868年一篇标题为《被钢管穿透了的脑袋的康复》（*Recovery from the Passage of an Iron Bar Through the Head*）的文章中。文章中包含了诸如"头部出现大量恶臭的脓液分泌物，其中夹杂着大脑组织的颗粒"和"当天，一个金属探针从头顶的开口处穿过，一直到头骨底部"等语句。哈洛为什么要用金属探针戳盖奇的大脑？这没有任何道理可言。老实说，这读起来就像哈洛在逗弄盖奇。

盖奇的故事在世界上很多心理学入门课程中都会讲到。这样的案例让心理学家可以评价一些我们在正常情况下无法评价的东西：人们是如何因为大脑的重大损伤而改变的。哈洛和其他人在盖奇身上注意到的是，事故发生后，他的行为方式发生了相当大的变化。在事故发生之前，盖奇人缘很好，工作也很努力。他遵守纪律并且有很强的责任心，这很可能是他在工作中被赋予如此重要职责的原因。但在事故发生后，他被描述为健忘、粗鲁、没礼貌、不耐烦、固执，以及"反复无常、优柔寡断"。

有趣的是，盖奇的案例经常在因受伤而发生人格变化的讨论中被提及。但我想说的是，虽然这确实是人格上的变化，但这更与盖奇的情绪控制能力有关。更具体来说，是他控制愤怒的能力。健忘、粗鲁、不耐烦，这些都是你用来形容一个有愤怒问题的人的词汇。

这一点也得到了相关研究的证实，对前额皮质受损的儿童和成人的研究表明，他们理解和管理愤怒的能力受到了干扰。[7]对大脑这一部分的损伤可能发生在脑部手术和头部受伤（汽车和自行车事故等相对常见的原因，因为前额经常是被撞击的位置），甚至是药物滥用的案例中。当伤害发生时，研究人员可以探索其对决策、情绪控制和冲突反应的影响。大家一致发现，这一区域的脑损伤会导致病人在情绪控制和冲突管理方面遭遇困难。

## 愤怒的脸

请拿出手机，在你常用的任意文本或社交媒体应用中找到表示愤怒的表情包。根据应用程序的不同，它可能有几种不同的外观，但它们有一些相似之处（脸色发红，眉毛内斜，嘴角下拉）。现在，试着回想一下你第一次看到愤怒表情包的时候。仅从外观上你就知道这表示愤怒，根本不需要别人告诉你。事实上，在表情包出现之前，人们会简单地输入>:- 或-_-来表示愤怒。第二个符号非常简单，仅仅是把三条线（连字符、下划线、连字符）组合在一起，接近于一张脸的样子，但人们不需要太多的提示就能认出这三条线的基本情绪基调。我们能够如此轻易地将这些形象识别为愤怒，而不需要任何提示和学习，这是相当有意思的，值得我们思考其中的原因。究竟是什么原因让这几条线的组合如此明显地成为表示愤怒的符号呢？

当你的杏仁核向下丘脑发送信息时，它也在向脑干中的一组神经元发送信息。这些神经元统称为面部运动神经元，控制着我们在表达情绪时的面部表情。这些面部表情是相对普遍的——我们看到不同文化间有相当多的相似性。例如，一个愤怒的人会瞪大眼睛，皱紧眉头，人们经常把这种表情与压力和担忧联系在一起：眼球凸起，怒目圆睁，鼻孔张开，嘴唇抿起，嘴角下拉，或者张大嘴巴，龇牙咧嘴。同时，下巴可能会紧缩或向前凸出。

1987年，一位名叫保罗·埃克曼（Paul Ekman）的情感研究者和他的同事[8]做了一项研究，探讨情感表达的普遍性。他们组织了来自10个不同国家的500多名受试者观看18张不同的照片，这些照片中的人分别表达了特定的情绪（快乐、惊讶、悲伤、恐惧、厌恶、愤怒）。受试者被要求对每张照片中的6种情绪的表达程度进行判断。埃克曼发现，无论来自哪个国家，受试者在绝大多数时候都能识别出照片中的情绪。换句话说，当照片中的人试图表现出愤怒时，无论观察者本人在哪里生活和长大，都能将其正确识别出来。

这在情绪研究的大框架中是一个非常重要的发现，它与本书的整体主题有关，即只要你理解、管理并以健康的方式使用愤怒，它对你可以是有益的。从本质上说，埃克曼发现的是不同文化之间情绪表达的共通性。如果人类表达愤怒的方式基本相同，那就说明了这是一种与生俱来的表达方式。如果它是天生的，那很可能意味着它有进化方面的目的。

让我们这样想一想。如果情绪表达方式完全或主要是从我们的家人那里学来的，我们就会看到不同文化之间的巨大差异。在澳大利亚表达愤怒的方式与在美国表达愤怒的方式将会有很大不同。但事实并非如此。我们看到在不同文化之间，愤怒以及其他基本情绪，如恐惧、悲伤和喜悦，很容易被识别，甚至在几乎没有相互接触的文化之间也是如此。

　　这一切都不是为了要减少在情感表达方面存在文化差异的想法。差异肯定是存在的。然而，这些差异往往是对这些与生俱来的表达方式的缩减或夸张（在日本，一个人保持微笑的时间可能与在美国保持微笑的时间不同）。1990年，大卫·松本（David Matsumoto）测试了这一观点，他要求来自日本和美国的受试者对不同社交场合下的不同情感表达方式的恰当性进行评分。受试者被展示了各种情绪表达的照片，并被询问在不同的情形下，即当他们独自一人时、在公共场合时，或者与家人在一起时，表达这些情绪是否合适。他发现，来自日本和美国的受试者对于在不同的背景下，对情绪表达的合适程度的认定存在差异。例如，日本受试者更倾向于认为与地位较低的人表达愤怒是合适的，美国受试者则不这么认为。

　　我们把这些关于情绪表达的不同期望称为"显示规则"，这是我们从家人和同伴那里学到的规则。我生气时的表情是与生俱来的，但是什么时候表现出来，表现多长时间，以及对谁表现出来，有时是我从父母那里学到的。如果你的父母在生气时大喊大叫，很可能你也会这样。有时这是通过学习同伴发生的，我们通过观察同伴如何表达他们的愤怒来学习自己表达愤怒的方式。而有时学习则是通过更直接的奖励和惩罚行为发生的。当孩子们通过打人得到他们想要的东西时，他们就学会了打人；当孩子们因为忍耐而得到奖励时，他们便学会了忍耐。

然而，愤怒的面部表情并不总是自主的，例如，你正在和你的老板开会，有人说了一些惹你生气的话，你听了之后很愤怒，但因为你的老板在那里，你认为有必要隐藏这种愤怒。很有可能的是，在你还没能控制住愤怒之前，在某个短暂的时刻，你的表情会出卖你，你的愤怒情绪会被在场的一些人看到。这反映了自主情绪表达（由初级运动皮层控制）和非自主情绪表达（由皮层下结构控制）的区别①。当你受到刺激时，大脑深处的那些结构会立即启动面部反应，这之后你才会用有意识的情绪反应掩盖它。不过很快，位于你大脑前额叶的初级运动皮层会接管并启动有意识的情绪表达，这些可能与你的实际感受一致，也可能不一致。②

## 愤怒的姿势

事实证明，我们不是仅仅通过面部表情来表达情绪，而是用整个身体，通过特定的姿势来表达。这种姿势表情和愤怒的

---

① 皮层下结构包括基底神经节、杏仁核与海马体，这有助于解释照片中人工微笑的虚假性。故意复制一个真实的、由喜悦引起的微笑是一种技巧，而我们中的一些人不具备这种技巧。

② 这些自主情绪表达的即时面部表情被称为"微表情"，保罗·埃克曼建议你关注人们的微表情，这是用来了解人们何时说谎话的方法之一。微表情揭示了这个人的真实感受，而后一种非自主情绪表达则传达了他们希望你认为的东西。

面部表情组合在一起，告诉他人我们正在生气，这是情绪的重
要功能之一。不过，姿势表情的作用还不止于此。这种姿势似乎
也在告诉我们自己，我们很生气。这听起来很复杂，让我们来看
看下面的事例。在我教授的一门名为"情绪心理学"的课程中，
我要求学生采用表达情绪（愤怒、悲伤、恐惧和快乐）的身体姿
势和面部表情，来感受自己的情绪。对于愤怒，我的建议是这
样的：

眉头聚拢下垂。紧紧咬住牙齿，撅起嘴巴。双脚平放在膝盖
正下方的地板上，将前臂和手肘放在椅子的扶手上。现在握紧拳
头，上身微微前倾①。

鉴于该课程的性质，他们很清楚我为什么要求他们这样做，
以及预期的结果是什么。然而，他们经常告诉我，采用这种姿势
会使他们感受到与这种姿势一致的情绪，哪怕这个感受很微弱。
当我要求他们"扬起眉毛，睁大眼睛。把整个头往后移，让你的
下巴往里收一点，嘴巴放松，微微张开"，他们会感到恐惧；当
我要求他们"嘴角上扬，嘴巴张开"，他们会有快乐的感觉。

这些指令来自一篇标题为《面部表情和身体姿势对情绪感受

---

① 满屋子的学生用愤怒的眼神瞪着你看，这情形不免让人有些不安。

的单独或组合影响》的文章，发表于1999年。[9]作者试图研究采用特定情绪状态（愤怒、悲伤、恐惧和快乐）的面部表情和身体姿势是否会帮助受试者真正体验到目标情绪，如果你摆出一张快乐的脸，你是否会开始感到快乐。此外，他们还想分别探索身体姿势和面部表情（仅有面部表情、仅有身体姿势、面部表情和身体姿势组合在一起）。他们发现，至少对于愤怒来说，这些条件中的每一种（面部表情、身体姿势以及两者组合在一起）都会让人感觉到愤怒，两者组合在一起时感觉最强烈。

## 将故事拼起来

如果我们把这些不同的元素连接起来，看起来是这样的。我们注意到一个触发事件，杏仁核通过刺激下丘脑和面部运动神经元做出反应。在不到1秒的时间里，下丘脑就协调好了生理反应，以应对该触发事件。同时，面部运动神经元指挥面部的肌肉做出愤怒的表情。此时距离触发事件发生还不到1秒，信息已经传到前额皮质，这时我们开始决定如何应对。我们是选择用身体来表达这种愤怒，还是口头表达？是否会压抑自己的愤怒以保持和平？是否进行深呼吸，试图快速恢复到放松的状态？现在我们重新控制了自己的情绪，我们会采取什么样的面部表情和身体姿势？这些问题很复杂，需要解读一些背景线索来作答。

## 情绪的进化价值

当我们思考愤怒体验的这些不同生理成分时，会发现这些成分说明了一个与愤怒有关的关键事实。像所有情绪一样，我们会生气，是因为它为人类祖先的生存提供了益处。这些大脑结构、面部表情和身体姿势并不是偶然发生的。它们是我们的祖先在与大自然做斗争求生存的过程中获得的。

事实上，查尔斯·达尔文（Charles Darwin）在1872年出版的《人和动物的情感表达》（*The Expression of the Emotions in Man and Animals*）一书中对这些表情表达进行了评论。达尔文在书中提出了这样的论点：我们看到动物和人类在表达包括愤怒在内的各种情绪时有明显相似之处。当狗充满敌意时，会露出牙齿，背上的毛发会竖起来。同样，猫咪也会通过拱起背脊来试图让自己的体型看起来更威武。谈到人类的"近亲"——灵长类动物时，达尔文描述说，有的猴子在生气时脸会变红，有的猴子会对挑衅者凶狠地瞪眼，有的猴子在生气时会抿嘴或者龇牙。同样在书中，他甚至提到了有的狒狒在发怒时，会用手拍打地面，并将其与人类生气时拍打桌子的动作相提并论。

## 生气的三个好处

愤怒为你做了三件事，这些事对人类的进化史来说至关重要，如今愤怒以其他方式继续为你服务：

（1）提醒你注意不公正现象。

（2）赋予你力量去对抗不公正现象。

（3）愤怒将你的状态传达给他人。

## 提醒你注意不公正现象

杏仁核，那台接收信息并启动愤怒反应的情绪计算机，在大脑结构中有着最深的进化根源。这是因为它为早期生物的生存提供帮助，通过恐惧来提醒它们注意危险，通过愤怒来提醒它们注意不公正现象。当你的杏仁核发出这些愤怒的信号给附近其他同样古老的大脑结构时，这是你的大脑传达你受到不公正对待的方式之一。

本质上，你是在提醒自己，周围环境出现了问题。当我在课堂上讲到这个问题时，学生们正在疯狂地做着笔记，没有人注意我，我用力地敲打桌子发出声响以惊动他们。他们当时的反应可想而知。有的人跳了起来，有的人甚至喘粗气，大家的注意力都转到我身上，他们忘记了正在做的笔记。虽然此刻大家是恐惧的而不是愤怒的，但这说明了杏仁核为人的生存提供的益处。当你注意到潜在的危险或不公正现象时，你会放下手头正在做的一切，去关注造成问题的原因。所以做笔记这件事变得不再重要，因为他们可能正处于危险之中或将受到攻击。

## 赋予你力量去对抗不公正现象

同样重要的是，当你的下丘脑——大脑的另一个非常古老的结构——启动战斗或逃跑反应时，它正在重新分配你身体能量来对抗不公正现象或解决问题。当面对触发事件时，比如另一个司机挡了道，足球比赛中裁判员的错误判罚，或者我们遭到某人的残忍对待，我们的交感神经系统就会启动，身体会做好战斗的准备。心率加快、血压升高，呼吸变得急促，以便将氧气迅速送到四肢，做好行动的准备。瞳孔扩大，怒目圆睁；同时，我们开始出汗来给身体降温，停止消化系统中的非必要器官的活动用以保存能量。现在，我们有精力在正确的地方对抗那个不公平的现象或解决那个问题。

## 愤怒将你的状态传达给他人

通过面部表情和身体姿势进行情感交流，对人类和动物的生存也同样至关重要。当我们做出愤怒的表情或摆出愤怒的姿势时，就是在告诉周围的人他们应该如何与我们打交道。达尔文认识到了这一点，他指出，大多数物种在受到挑衅时，都会试图采用更可怕的体型来面对挑衅，这大概是为了试图给敌人制造恐惧感。对于狗和猫来说，可能是竖起毛和弓起背。对于熊来说，我们看到它们会用后肢站立，并将前肢举起。即使是鸟类，也会通过竖起羽毛来使自己看起来体形更大。

这样的姿势和面部表情是重要的交流工具，因为它们可以在战斗开始之前将其阻止。对于动物来说，我们经常把这些行为，特别是愤怒的面部特征（龇牙、瞪眼），称为威胁姿势。当我们对他人怒目而视或者抿嘴时，是在让他们知道要小心翼翼地接近我们。这是在传递一个非常明确的信息，那就是我们很生气——也许是因为他们——因此他们应该在与我们的互动中谨言慎行。

比这更微妙的是，小孩子或配偶可以通过那些愤怒的微表情了解到他们所做的某些事情是不合适的。这是一种不言自明的方式，告诉他们"请不要再这样做了"。例如，我记得，我经常试图读懂父亲的脸色。在餐桌旁或当他下班回到家时，我需要弄清他是否在生气，因为我需要知道如何与他相处。如果他生气了——无论是因为我或者其他人——我需要给他空间，暂时不要和他交流。我知道现在不是开玩笑或傻笑的好时机。愤怒对他来说是有功能适应性的（不一定针对我或我们俩的关系），因为这意味着当他不想被打扰时，人们就不会去惹他。

### ■◐ 练习：重新绘制愤怒事件图

在这个活动中，让我们来重温上一章图示的同一愤怒事件。这次我们需要关注三个具体问题。

（1）愤怒是如何提醒你注意到不公正现象的？你的身心以何种方式传达了你所遭受到的不公正待遇？

（2）愤怒时，你的身心有何变化？这对你回应不公正现象有怎样的帮助或伤害？

（3）你是如何通过言语以及非语言方式来表达这种愤怒的，包括你的姿势、有意和无意的面部表情？

## 大脑中极其复杂的活动

如此协调的生理和行为反应确实相当不寻常。如果你考虑到所有参与其中的组织，以及这一切发生的速度，真是相当惊人。但与此同时，我们的大脑还参与了另一个复杂而且更为神秘的过程。它在思考和解释这个触发事件，试图弄清楚到底发生了什么，为什么会发生，谁是责任人，以及情况有多糟糕。

愤怒的
想法

第四章

为什么我们

会生气

Why We Get Mad:

How to Use Your Anger for Positive Change

## 坐好，放松

2020年1月31日，温迪·威廉姆斯(Wendi Williams)登上了一架美国航空公司的航班，从新奥尔良飞往北卡罗来纳州夏洛特。温迪是一名教师，她刚参加完一次教学会议，准备乘机回家。这是一次短途飞行——不到2个小时的航程——但当有机会调整座椅放松时她那么做了，向后放下了她的座椅靠背。那一刻她完全不会想到她的这个动作会引发一连串的麻烦，以及网络上关于乘机礼仪的大讨论。

如果你不了解温迪的故事，让我们回顾一下[①]。她身后的男子（目前身份不明）坐在飞机的最后一排，他的座椅是不能调整的。根据温迪的一条推特文章，该男子在吃饭时态度恶劣地要求她把座椅靠背调回原来的位置。她照他说的做了，但在饭后，她又放下了椅背。男子对此很生气（这也是温迪在推特上记录的），并在此时开始捶打她的座位，大约9次。她开始用手机记录下这个过程。在这段时长约45秒的视频中，可以看到男子用拳头反复捶打

---

[①] 我是根据各种关于此事的文章以及温迪·威廉姆斯关于该事件的推特文章拼凑出这个故事的。我的版本很有可能并不完全是事实。不过，在这里细节远不如事件的整体和对事件的反应重要。

温迪的座椅靠背——虽然力度不足以伤到她，但这个行为足够让人恼火。这期间，他曾向前倾身，对她说了些什么，但她没听清楚具体内容，接着男子继续捶打她的座椅靠背。她声称，之前他打得更狠但在她开始录制后就停止了。

几周后，温迪在推特上发布了这段视频，立即引起一场网络风暴。一场关于什么时候可以调整座椅靠背、男子的行为是否恰当，甚至关于温迪所讲述的内容是否属实的网上争论随即展开。介入事件的空姐当时的行为受到质疑，大家开始讨论是否应该开除这名空姐，温迪是否应该提起诉讼。同时，出现了很多思考现代社会的一部分人缺乏礼貌相关的思考文章，并冒出很多篇关于何时可以调整座椅靠背的指南。美国达美航空的首席执行官艾德·巴斯蒂安（Ed Bastian）也发表了自己对此的看法，"我认为正确的做法是，调整座椅靠背前，你应该先征求后方乘客的同意"①。

我立刻对这件事产生了极大的兴趣，并不是因为由此引起的各种争论，而是因为坐在温迪身后的乘客做出的愤怒回应。假设我读到的事件描述是准确的，那么这里有一个非常有趣的认知现象，他和其他许多调侃此事的人似乎都在期望他人能和他们一样遵循相同的不成文的规则。

之所以说这是"不成文的规则"，是因为据我所知，没有任

---

① 你觉得达美航空的首席执行官会乘坐经济舱吗？

何航空公司告知乘客不可以放下座椅靠背。事实上，我的经验是，航空公司会用"坐好，放松，享受飞行"这样的语句来积极鼓励乘客调整座椅靠背，并特意告诉你什么时候可以放下座椅靠背，什么时候需要把它调回去。那么，不允许调整座椅靠背这条规则，并不是航空公司所提倡的，而且——至少从这件事的余波来看——也没有得到普遍认同。在阅读网上对这一事件的反应时，我看到有些人似乎认为靠背是可以调整的，而另一些人则认为这是不礼貌的。根据我曾看过的三本飞机座椅调整指南，有的航空公司通过一个复杂的算法得出结论——当前面的乘客放下椅背时以及后面的乘客个子不高的时候，我们可以放下椅背，但这仅限于长途飞行的情况，而且不适用于就餐时。

如果我们从坐在温迪身后的乘客角度来图解这个愤怒事件，情况是这样的：起因很简单，温迪放下了她的座椅靠背。虽然不能确定，因为我们没有和他本人聊过，但我们可以推测一下他预生气的状态。他坐在飞机上，坐的是经济舱，因此体感不舒适（座椅前后间距可能较窄）。他甚至可能会像很多人一样对飞行感到焦虑，他也可能因为各种暗示而感受到其他一些强烈的情绪，这些情绪往往有可能是旅行导致的[1]。但是他的判断似乎很明

---

① 我这个情绪研究者喜欢机场，没有任何地方比这儿更适合观察情绪了。对飞行的恐惧，对延误的沮丧，对告别的悲伤，或者对去一个新地方的喜悦，在机场可以体验到各种强烈的情绪。

确。他认为她放下座椅靠背的行为不礼貌。这就是我们在第二章中讨论过的"他人导向的应该"内容:"其他人不应该放下座椅靠背,因此她这样做是无礼的。"

这些"他人导向的应该"不仅引起他对温迪的愤怒,而且还影响了他的行为反应:捶打前排椅背。他认为温迪不仅不应该放下座椅靠背,而且需要为此受到惩罚。实际上他是在说:"她做得不对,我有理由生气,而且我有权利尝试阻止她。"网上的数据显示,很多人赞同他的观点。

需要特别说明的是,我并没有在为温迪放下座椅靠背的决定辩护。此前从来没有考虑过这个问题,我也不知道还有与此相关的礼仪要遵守。这让我觉得更有趣。有些不成文的规则广为流传,我却常常在不知不觉中违反它们。此类规则无处不在,在自动扶梯上应该行走还是站着不动?可以用多大的音量在公共场所打电话?应该用信用卡支付还是也可以用现金支付?人们对其中一些规则持有坚定的立场,当有人违反这些规则时,大家就会变得愤怒。

## 愤怒的想法

二十多年前,我和我的导师埃里克·达伦在一起开会。当时我刚刚完成硕士论文,要开始把注意力转向博士论文了。我已经不记得当时考虑的选题是什么，但我确定自己希望选题相对简单直接。我见过很多人因为复杂的论文而陷入困境，耽误了毕业，我不希望这种情况发生在自己身上。和有些人不同，我真心热爱研究，并计划在毕业后继续从事研究工作。因此选一个过于庞大的项目可能会给我的职业生涯带来负面影响。心理学领域到处都是"准博士"（除了论文，万事俱备），我可不希望这种情况发生在自己身上。

我想做一些与愤怒想法有关的研究，埃里克和我讨论了一些可能性。他说："问题是我们没有任何方法来测量愤怒时的想法……这是你的论文。你应该制定一个关于愤怒时想法的问卷做调查。"

这时，我有点儿慌了。因为问卷调查工作极其烦琐，也很耗时。这很可能意味着要进行一些试点研究，从大量受试者中收集数据，并使用一些我还没有学会的统计方法。听到这个建议后我紧张地笑了笑，他说："说真的，考虑一下。这将是对该领域的重大贡献。"

于是我们就这么做了。我们搜罗了与愤怒有关的认知评价文献，并确定了不同类型的愤怒想法。我们采访人们的愤怒想法，编写调查问卷，请专家进行审查，对问卷做修改，并请专家进行二次审查。我们从数百人那里收集初步数据，用以缩小问题库的范围，在这之后，我们收集了近400人的数据，了解他们在愤怒时的想法类型。我们将这些数据与测量愤怒、悲伤和焦虑的调查相关联。我们探讨了愤怒程度最高的受试者和愤怒程度最低的受试者之间的差异，并建立了一个名为愤怒认知量表的最终调查。

愤怒认知量表涵盖了五种重叠的被研究证明与愤怒相关的愤怒想法类型：过分概括化、过度苛责、错误归因、灾难化和贴挑衅性负面标签。可能还有一些其他的想法类型，我们在书中也会提到，但是这五种类型的想法极其突出，因为人在生气时的想法往往导致愤怒程度的加剧。

## 过分概括化

你有没有在遇到红灯时对自己说："为什么我每次都要遇到红灯？"或者同事忘了做什么事的时候，你说："她总是这样！"这些都是过分概括化的例子，也就是我们用过于笼统的方式来描述事件。该类型的想法比较容易被辨识，因为这里有一些标准的词语可以寻找：总是、从不、每一个、没有人。

过分概括化会引起愤怒，因为你最终会把一个孤立事件当作一种模式来应对。在你心目中，它不再是那一刻发生的孤立事件，它已经成为一种长期的、重复出现的情况。在上面的例子中，你不只是被一个红灯拦住，耽误了几分钟的行程而已。你已经把这个单一例子变成了一系列的负面事件，持续性地拖慢了你的速度。你现在会持续地遇到红灯，迟到，在出行中频繁遭受延误。就像你的同事不只是犯了一个错给你带来额外工作量，她总是犯错，给你带来麻烦，加剧你的痛苦。

## 过度苛责

当人们把自己的需求和欲望置于其他人的需求和欲望之上时，就是过度苛责，其中包括我们谈过的"他人导向的应该"的想法。当前面的车开得比他们认为的慢时，他们可能会说："前面的车需要快点开，这样我上班才能不迟到。"当在商店排队等候时花的时间比平常多时，他们可能会认为："这里需要更多的工作人员，那样我就不需要等这么久了。"

过度苛责会导致愤怒，原因显而易见。我们每个人在生活中都有未被满足的愿望。路人开车的速度比我们希望的慢，服务生让我们等待的时间比我们希望的长，或者我们的同事对待工作的态度不专注，做不到我们希望的那样……当我们感受到这些未被满足的需求和欲望时，我们可以用多种方式来理解它们。我们可以认识到，世界并不总是按照我们希望的步调运行，或者我们可以将这些未满足的愿望提升到超越愿望的层面，变成某种命令。

假设其他司机事实上是以规定速度或以接近规定速度行驶，那么仅仅因为"我们希望"为理由来要求他们按照我们希望的速度行驶,这不符合规定。同样,我们的同事很可能同时有多个工作需要分配时间,不一定能在规定的时间里专注于我们希望他们专注的工作。过度苛求往往归结为一些不成文的规则,关于人们该不该做某事,此事该不该花费这些时间,以及我们该不该得到这个结果。当我们与交往者认同的规则不一致时,愤怒往往随之而来。

## 错误归因

想象一下,你正在某个地方排队等候,有人走到你前面插队。你可以用多种方式来解释这种情况。比如说,他们没有看到你站在那里,这是一个意外。或者他们看到你站在那里,并故意到你前面插队。你甚至可以顺着这个思路想一想他们为什么故意这么做(例如,因为你看起来很弱小,他们觉得可以占你的便宜,或者因为他们认为自己比你更重要)。

当人们错误地解释因果关系或分配责任时,我们称为错误归因,这也是一种常见的导致愤怒的想法。错误归因有很多不同的情况。在上面的例子中,它是对某人为什么要这样做的一种解释。它也可能是说我们把错误归咎于一个错误的人。下班回到家,你看到地板上有一摊水,于是责怪孩子打翻了水却没有清理干净。考虑到过去发生过的行为,这看似是一个合理的猜测,但后来你才发现,事实上这一次是你的配偶打翻了水还没来得及清理。愤怒的起因就是由于错误归因。

这类想法为什么会和愤怒联系得如此紧密，原因显而易见。如果把负面的事情解释为别人故意造成的，我们当然很可能对自己认为的责任者发怒。有趣的是，有些人会非常迅速地将责任外化。例如，当人们丢失车钥匙时，他们可能会说："车钥匙跑去哪儿了？"这可能很微妙，但这种语言将责任外化到了车钥匙上，因为它去了某个地方所以我们找不到它了，而不是将责任和负责放钥匙的人联系在一起，比如："我把车钥匙放哪儿了？"

## 灾难化

大多数类型的愤怒想法是初级评价的结果，即我们如何判断刺激的来源。然而，灾难化则更多反映的是二级评价，即我们对自己应对刺激的能力的评价。正如它听起来一样，灾难化是指我们把事情放大，或者以高度负面的方式给事情贴标签。例如，你经历了一个相对较小的挫折，但是你的反应是："好吧，我这一整天都被毁了。"

开车上班的路上遭遇严重堵车。虽然不知道原因是什么（提供了一个错误归因的机会），但你知道你会因此迟到。

不过，你可以用很多方式来解释这次迟到，关于它对你的生活意味着什么。其中一种解释可能是去反思你到底会因此迟到多长时间，并考虑这将如何影响你的一天。也许它会耽误你20分钟的时间，这的确令人沮丧，但后果不一定是灾难性的（当然，取决于你计划在这20分钟内做什么）。更灾难性的是开始有"好吧，我的一整天都被毁了"或"这毁了一切"的想法。

这种灾难化的倾向让人们更难感觉到自己可以应对负面事件。当你把刺激的结果解释为灾难性的时候，你就会开始觉得失去控制。你开始觉得这个世界在和你过不去，而你却无能为力。

## 贴挑衅性负面标签

当我们以非常负面、煽动性或残酷的方式给人或情境贴上标签时，我们会变得更愤怒[①]，当有人在餐厅给你送错了食物，你可能会称他们为"十足的白痴"。当同事未能按时完成一个项目时，你可能会给他们贴上"完全没有价值"的标签。当你在开车时，有人挡住了你，你可能会称他们为"傻瓜"。这些标签加剧了我们对负面事件的愤怒，因为它们消除了我们对这些情况在理解上的细微差别。

例如，同事不可能"一无是处"。我们可以用更细致的解释来更准确地描述他们，比如，他们犯了一个错误，或者他们因为

---

[①] 要想不骂人就给出使人激怒的标签，几乎是不可能的。话虽如此，我还是决定不写，这意味着有些例子听起来有点矫揉造作。如果你和我一样，容易说脏话，请适当插入更多丰富多彩的语言。

过度劳累，无法按时完成项目。虽然这并不能消除事实带来的影响，也不意味着我们不应该生气，但是，这些更准确的解释，很可能会减少我们的愤怒。

我们很容易会认为，之所以给他们贴上这些负面标签，是因为对他们感到愤怒，而不去思考这个标签会如何影响我们的愤怒。但问题是，一旦给他人贴上负面的标签，我们可能会一直这样看待他们，不再把他们当作一个实际上可能非常聪明但只是犯了错误的人，尤其是当我们确实非常了解他们的时候，更是如此。

## 不一定"非理性"

有人把这样的想法称为"认知扭曲"或"非理性信念"，这两个词分别由著名的认知治疗师阿伦·贝克（Aaron Beck）和阿尔伯特·埃利斯（Albert Ellis）提出。其观点是，人们生气（或悲伤、恐惧、内疚等）的部分原因是没有正确地看待和解释这个世界。从一些认知治疗师的角度来看，人们体验到不良的情绪是因为有不良的认知。说实话，我早期的很多工作，包括我的硕士和博士论文，也都支持这个观点。不过，这并不完全公正。导致愤怒的那些想法未必是不合逻辑的或扭曲的，有些情况下它们是正确的。有时候我们所面临的问题的确应该归咎于其他人；有时候事情应该比现在更好；有时候事情的确很糟糕。

然而，不管它们正确与否，经常有此类想法的人很可能会更频繁、更强烈地体验到愤怒。利用埃里克和我开发的量表，我们发现了这些类型的想法和愤怒体验与表达之间的关系。这些人更容易生气，以及通过更具敌意和攻击性的方式予以表达。[10]愤怒在他们身上会产生更多的后果，比如言语和肢体上的冲突，危险驾驶，或者带来其他不愉快的感觉，比如悲伤。在之后的一项研究中，我们让他们想象一个令人愤怒的场景来激怒他们。有此类想法的人会更生气，同时更容易产生报复的想法。[11]

为了说明这一点，图4-1比较了我们收集的数据中有愤怒问题（经常容易感到愤怒，以最不适应的方式经历愤怒的人）和无愤怒问题（很少愤怒的人）。

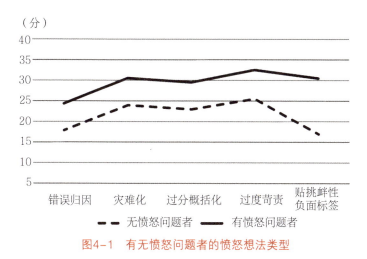

图4-1 有无愤怒问题者的愤怒想法类型

你可以看出有愤怒问题者更经常有这些想法：错误归因、灾难化、过分概括化、过度苛责、贴挑衅性负面标签。现在，你可能会倾向于认为"过度苛责"的问题最大，因为它是五种类型想法中得分最高的。但相反的是，你会注意到有愤怒问题者和无愤怒问题者在贴挑衅性负面标签上的差距。对于大多数存在这种想法的人，有愤怒问题者比无愤怒问题者高出5分到7分。但是针对贴挑衅性负面标签这个类型，二者的差距是14分，比其他类型至少大2倍。从中我们可以得知，虽然所有这些想法都会导致愤怒，但"贴挑衅性负面标签"的想法是最危险的。

## 这是你的工作，与我无关

在第二章里，我跟大家提过诺亚，就是那个对同事发脾气的演员。当时我问过他在事情发生时是怎么想的，他将想法分为两类：事情发生那一刻他的想法，以及事后，在回家的路上他对事情进行复盘时的想法。事发的时候，他满脑子都是"你（失误的服装师）在做什么"和"你走开"这一类的想法。不过在开车回家的路上，当他进行复盘时，有一些非常重要的想法有助于解释他在那一刻的愤怒。

"第一次出错的时候，"他说，"我只是想，哦，好吧，那是现场表演，我被冲昏了头。但我很讨厌犯错，我讨厌犯两次同样的错误，我也绝对不喜欢身边的人犯两次同样的错误。这是你的工作，与我无关。你需要做好自己的事情。一般情况我不会为此大动干戈，但在那个时候，各种压力攒在一块儿，我会很难控制自己。"

要想真正理解诺亚对事情的评价，我们需要继续往下看，在事情的最后，当他花时间和服装师讨论这件事时发生了什么。你可能还记得，排练结束后，他对服装师说的话。那段话告诉我们诺亚是如何评价换装失误的。

诺亚的解释是这样的："我的工作是很难做好的。如果我做不好，后果是很严重的。我坚持要求你（服装师）把你的工作做好，我才能把我的工作做好。"如果我们就愤怒认知量表的愤怒想法类型，将这些陈述按1（最低）到5（最高）的级别绘制出来，可能是这样的：

过分概括化：1.我们没有看到这里有过分概括的表述。例如"他总是犯错误"或"他从来没有按照我希望他的方式做这件事"。

过度苛责：4.在他的思维过程中，有相当多的要求。"你应该把要点记下来""我坚持要求和我一起工作的人也要做到最好"。

错误归因：1.这与本案例无关。如果诺亚推测了服装师为什么会出错（比如"你是故意的"），这可能就是相关的。

**灾难化**：5.诺亚将这件事解释为相对灾难性。他说"如果表现不好，我可能会被解聘"，这是在表示这样的错误可能会导致他职业生涯的结束。

**贴挑衅性负面标签**：1.至少从表面上看，他并没有用真正负面的方式来描述他的同事（他没有使用"无能"这样的词）。事实上，除了这个具体的犯错事件，他对同事还提出了表扬。

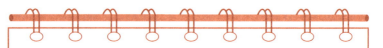

### ■◉ 练习：绘制出你愤怒的想法

在前面的章节中，你图解了一个愤怒事件。我想回到那个事件，专门关注评价过程。花点儿时间想想你在那一刻的想法（包括初级和二级评价）。尽可能多地列出你能记住的内容。

现在，花点儿时间对上面列出的每一种类型，用分数1（完全没有）到5（相当多）对这一系列想法进行总体评价。换句话说，当你读到这一系列想法时，你做了多少灾难化、过分概括化等？完全没做吗？有一些吗？相当多？

**过分概括化**：1=无；2、3=有些；4、5=相当多；

**过度苛责**：1=无；2、3=有些；4、5=相当多；

错误归因：1=无；2、3=有些；4、5=相当多；

灾难化：1=无；2、3=有些；4、5=相当多；

贴挑衅性负面标签：1=无；2、3=有些；4、5=相
当多。

## 愤怒的权利

这里想重申，我不知道或不认为诺亚的想法不正确。事实上我认为，希望并期待同事们做好各自的工作，少犯错误，是完全合理的。诺亚说得没错，表现不好，以后他找工作会更难。我说的有时候我们生气是对的，就是这个意思。

话虽如此，在愤怒研究中，有一个明确且一致的发现，那就是并非每个人都能获得同样的愤怒权利。有些人可能会因为愤怒而得到奖励和表扬，而另一些人则被告知要文明，要冷静，甚至因为愤怒失去信誉。在我们充分认识到愤怒的陷阱和积极作用之前，我们需要认识到愤怒的后果并不是平均分配的。

为什么我们
会生气
Why We Get Mad:
How to Use Your Anger for Positive Change

暴力
和冲动控制 | 第五章

为什么我们

会生气

Why We Get Mad:

How to Use Your Anger for Positive Change

## 我失去了冷静

2019年11月14日，近1200万人正在观看一场美式橄榄球比赛，比赛双方分别是匹兹堡钢人队和克利夫兰布朗队。离比赛结束还剩15秒时，布朗队领先14分。就在这时，布朗队的冲传手迈尔斯·加雷特（Myles Garrett）和钢人队的四分卫梅森·鲁道夫（Mason Rudolph）发生了肢体冲突，并引发了两队队员的冲突。混战中，加雷特把鲁道夫的头盔拽下，抢盔暴击其头部。即使是在美式橄榄球这种攻击性较强的运动中，这也算得上是非常严重的恶性事件。当晚的解说员特洛伊·艾克曼（Troy Aikman）将其称为"在球场上见过的最糟糕的事件之一"。

第二天，加雷特发表了道歉声明。他说：

昨晚，我犯了一个可怕的错误。我当时失去了理智，我的所作所为极为自私，且不可原谅。我们每个人都需要为自己的行为负责，在未来的日子里，我会用行动来证明那个真正的自己。在此，我要向梅森·鲁道夫、我的队友、我的球队、广大球迷以及美国国家橄榄球联盟（NFL）道歉。我知道我必须为发生的事情负责，并且会从错误中吸取教训。

两天后，加雷特被处以无限期禁赛。之后，他缺席了那个赛季里的最后6场比赛，相当于损失了约114万美元的工资。另外，他还需要缴纳超过4.5万美元的罚款。[12] 2020年2月12日，美国国家橄榄球联盟同意他重回赛场。值得一提的是，在2019年那场比赛中，钢人队的中锋马尔基斯·庞西（Maurkice Pouncey）在鲁道夫被击打后非常愤怒，对加雷特拳打脚踢。庞西被罚款3.5万美元，并停赛两场，工资损失约12万美元。

该事件在社交媒体上掀起了一场轩然大波。推特上充斥着来自现役和退役球员、教练、评论员以及观众的文章。几乎所有人都认为加雷特的行为非常可怕，网上讨论的大部分内容都是这件事到底有多恶劣。有些人认为这应该被视为犯罪，有些人争论美国国家橄榄球联盟应该对此做出怎样的惩罚，有些人建议就此终止加雷特的职业生涯。不过，也有少数人对加雷特表示支持。前美国国家橄榄球联盟角卫，迪昂·桑德斯（Deion Sanders）在推特上写道："为你祈祷，兄弟。这是一个极为迅速的反应，尽管它是错误的。"

我之所以在这里提起这个案例，原因有二：

第一，这是一个很好的例子，说明人在极端愤怒的情况下有使用暴力的可能。加雷特绝非一个声名狼藉的球员，也许这仅仅是我自己的看法，但除去与攻击性无关的越位和类似的判罚，该赛季他共有三次处罚，对于这个位置的球员来说，这大约是平均水平。其中有两次是在同一场比赛中，这确实引发了一些关于他是否是一个过于激进的球员的讨论。但纵观前一个赛季，他只有过两次类似处罚。该数据并不能说明他是一个经常会被自己的怒气冲昏头脑的人。

第二，美式橄榄球比赛中常常发生攻击性行为。在回应关于加雷特用头盔攻击是否会带来刑事指控的讨论时，律师塔米·高（Tammi Gaw）说："如果我们较真的话，在球场上发生的每个动作都可以被认为是攻击行为。"[13]当然，加雷特的攻击和庞西的回击都远远超过了球场上普通的暴力行为范畴，但值得深思的是，大家虽然热衷于观看这项攻击性较强的运动，有时甚至会为队员之间的大打出手而欢呼雀跃，然而，当事态发展超出预期时，大家又会有如此震惊和充满愤怒的反应。

我认为，有四个相互叠加的因素使得这个案例非常的突出。第一，加雷特行为的故意性。他在抢盔暴打鲁道夫的时候，无疑是想伤害鲁道夫。第二，加雷特将头盔作为武器，这在比赛中并不常见。第三，鲁道夫毫无招架之力，因为他的头盔被加雷特拽掉了，这使得加雷特的行为更加野蛮和残忍。第四，也是我最感兴趣的部分，加雷特的暴力行为是出于愤怒，而球场上的大多数暴力事件则不是这样。

让我们来对比一下加雷特的暴力行为和几秒钟后庞西的行为，大多数人对后者并没有给予太多关注，因此后者也没有像加雷特事件那样引起媒体的疯狂报道。但是庞西确实对加雷特的头部拳打脚踢多达6次，这同样也是故意的并出于愤怒的动机，然而为什么对他的惩罚要轻得多？当然一部分原因是庞西没有使用武器，但我认为，主要原因是，庞西当时本着出于保护队友的目的挺身而出，对对方进行回击，此类暴力行为通常更容易为大家所接受。

那么这一切告诉我们什么呢？有三个要点：

（1）暴力并不总是或甚至并不通常与愤怒有关。

（2）人们会采用相对武断的规则来判断暴力的正当与否。

（3）很多时候，愤怒问题其实是冲动控制问题。

## 暴力的复杂性

据美国联邦调查局2019年发布的《2018年美国犯罪报告》显示，2018年美国共发生120多万起暴力犯罪事件。[14]这些犯罪事件分属于4种不同类型：谋杀、强奸、抢劫和严重伤害。基本上，这些都是涉及武力或威胁使用武力的犯罪。如果我们从犯罪动机的角度来思考，很容易能看出这些犯罪事件均与愤怒无关。例如，抢劫罪约占这些犯罪的23%，而愤怒是极不可能成为抢劫背后的驱动力的。同样，当你考虑到可能导致谋杀的动机的复杂性时，不难意识到，即使愤怒可能与之有关，但是在愤怒之外，还有各种各样的动机（如经济利益或嫉妒）。

　　让事情变得更加复杂的是，暴力可以有多种定义。在2013年出版的《暴力、不平等和人类自由》（*Violence, Inequality, and Human Freedom*）[15]一书中，作者彼得·伊迪科拉（Peter Iadicola）和安森·舒佩（Anson Shupe）对暴力的描述比许多人想象的要宽泛得多。他们将暴力描述为不仅仅是一种造成伤害的行为，而且也是一种会造成伤害的环境。另外，伊迪科拉和舒佩甚至把特定的社会服务，比如广大居民群众的医疗保险服务不足，描述为暴力的一种形式。

　　因此，暴力是一个极其复杂同时又定义广泛的概念，它在很大程度上独立于愤怒，但有时又可能为愤怒所驱使。例如，在2018年发生的那120多万起暴力犯罪事件中，绝大多数（67%）都是严重的攻击行为，也就是"一个人对另一个人进行非法攻击，目的是造成严重的人身伤害（或加重伤害）"。我们很难确切得知其中到底有多大比例的伤害源于愤怒，但数量肯定不少。新闻报道里经常会看到这样的例子，酒吧里上演大打出手的闹剧，路怒症发作的司机们最终以暴力互殴收场，类似事件充斥着新闻媒体。其中有些行为看起来就是荒谬。比如2016年，在美国威斯康星州，一个绿湾包装工橄榄球队的球迷试图破坏明尼苏达维京人橄榄球队球迷放在院子里的展示品，从而爆发了一场斗殴。展示品的主人戴夫·莫舍尔（Dave Moschel）出来阻止破坏者雅各布·贾斯特（Jacob Justice），却被对方连刺七刀。所幸的是莫舍尔并无生命危险。

## 暴力的动机

归根结底，我希望能够确定世界上的暴力问题到底有多少与愤怒有关，有多少与其他原因有关。但是众所周知，攻击行为的原因多种多样，愤怒并不总是或者甚至不是其主要原因。事实上，我们可以找出不少人类施暴事件的原因，这些原因和愤怒都没有直接关系。

毫无疑问，人们会因为恐惧而发起攻击。出于对自己或亲人安危的保护，我们会采取攻击性行为来进行自卫。这是当我们感到危险来临时用来保护自己的自然反应。类似地，当人们感到自己的家园或财物受到威胁时，会发起攻击；当人们遭遇抢劫，家园被非法闯入，或者他们的物品被别人破坏时，他们都有可能发起攻击来保护自己的财物。①

虽然我已经明确指出，不存在一个很好的指标来说明什么是最常见的暴力动机，暴力的存在是为了实现某种目标。与本书内

---

① 让我抓狂的是人们常常把保护自己的财物和保护自己混为一谈。虽然我承认有时两者可以同时受到攻击，但保护自己与保护自己的财物有根本的不同。

容最相关的暴力是易怒型暴力，在这种情况下，攻击行为源于一种感觉状态[①]……在这里通常是愤怒。易怒型暴力是我们从加雷特和庞西身上看到的：他们生气了，并做出意图伤害的反应。在某些方面，这是对愤怒自然而且合理的反应。根据定义，愤怒包括非常真实的发泄欲望，人们需要通过冲动控制，防止自己这样做。不过，不仅仅愤怒可以引发暴力，其他的情绪也可以。当人们感到嫉妒、内疚、悲伤、悲痛等情绪时，也需要发泄出来。

## 对暴力的信念

基于一个人对使用暴力解决问题的正当性的信念，暴力的使用在很大程度上（但不完全）是可以预测的。如果你认为暴力是处理分歧或维护自己的合理方式，那么当你受到挑衅或为了得到自己想要的东西时，你就更有可能采取攻击性行动。事实上，实施攻击行为的可能性甚至可以通过你的想法类型来预测。在我用愤怒认知量表所做的研究中，我们在第四章中讨论过的五种

---

[①] 我知道恐惧也是一种感觉状态但我却把它分开来谈。虽然无法真正解释为什么，但心理学家经常把恐惧和焦虑与其他感觉状态分开来谈。《精神障碍诊断与统计手册》（第五版）将焦虑症和心境障碍（包括抑郁和双相障碍等）作为单独的类别，尽管焦虑显然是一种情绪状态。这很奇怪。

类型的愤怒想法（错误归因、灾难化、过分概括化、过度苛责和贴挑衅性负面标签）都与攻击和报复有关。[16]

过度苛责和贴挑衅性负面标签更容易引起暴力，原因显而易见。如果有人对他人使用非人性化的语言，那么他们就有可能会以非人性化的方式对待他人。如果有人认为自己的需求高于他人的需求，那么他们就有可能会使用暴力将自己的意志强加于他人之上，让自己的需求得到满足。

当然，在某些情况下，不一定赞同暴力的人也可能会突然变得有攻击性。他们有可能失去冷静，做出一些不符合他们的本性、违背他们价值观的事情。简而言之，冲动是魔鬼。

## 失去控制

冲动是指在没有考虑自己的行为有可能带来的影响或后果的情况下贸然行动。从本质上讲，冲动时，人们对事情的反应是迅速的、自发的，完全没有思考自己的反应将意味着什么。例如，加雷特在向鲁道夫挥动那顶头盔的时候，表现得很冲动。他在道歉的时候说，当时自己失去了理智，做出了不符合自己本性的事情。他完全没有考虑到这一行为可能带给自己以及鲁道夫的后果。如果他想到自己的行为可能会给鲁道夫造成严重伤害甚至死亡，或者因为那次攻击可能导致自己损失一大笔钱，他也许就不会那么做了。但这就是冲动，我们没有考虑清楚自己将要做的事情的短期和长期后果，每个人都有可能做出冲动的行为。

冲动绝不只是愤怒的结果，人们可能在各种情况下做出冲动的行为。你带着孩子去冰激凌店，告诉自己"这只是给他们吃的，我才不会吃"，最后却拿着冰激凌走出店门，这很可能是你在当时做的一个冲动的决定，这个决定违反了自己最初的计划。有人走进一家商店跟售货员说"我只需要一样东西"，但最后却满载而归，这就是冲动的表现。

## 冲动控制障碍

在第五版《精神疾病诊断与统计手册》（*Diagnostic and Statistical Manual of Mental Disorders, DSM-5*）中，有一大类是专门针对冲动控制障碍的。这是一本由美国精神医学协会出版的可用于诊断心理障碍的标准参照手册。里面内容包罗万象，包括了有关重度抑郁症、精神分裂症、神经性厌食症等疾病的介绍。手册根据疾病的相似性来组织章节（例如，抑郁障碍一章，焦虑障碍一章）[①]，"破坏性的、冲动控制和行为障碍"作为单独的一章

---

[①] 有趣的是，没有专门讲愤怒症的章节。这一点，我在后文还会提到。

出现，<sup>①</sup>内容包括"涉及情绪和行为的自我控制问题"。<sup>17</sup>作者指出，在这本手册中，许多疾病的突出特征是具有冲动性（如强迫症、躁狂症、药物滥用），但需要指出的是这里同时涉及通过攻击或破坏财产来造成对他人权利的侵犯。

书中列出的一部分疾病你可能听说过。例如，盗窃症，即不受控制的偷窃冲动，以及纵火症，即无法控制的放火冲动，这些疾病虽然不常见，但大多数人还是知道的。不过，还有一种较少被讨论的障碍，间歇性暴发性障碍（IED），一种冲动控制障碍，包括"反复出现的代表其无法控制自己攻击性冲动的行为爆发"。这可能包括言语攻击或身体攻击、毁坏财产损失或对动物或他人的身体攻击。根据DSM-5，这种障碍相对罕见，约有2%～7%的美国人口符合诊断标准。<sup>②</sup>它通常在青春期发病，最常见于有创伤史的人或通过遗传患病，并以某种方式持续终生。

---

① 值得注意的是，冲动并不完全与消极行为相联系。有些冲动行为是积极的。例如，虽然我们往往不认为它们是冲动的，但英雄主义行为往往是在很少预想或考虑到影响的情况下发生的。这种行为常常被我们认为具有勇气和胆量，但归根结底，它们同样是冲动的，只是有更多的积极后果。

② 我之所以说"相对罕见"，是因为它与重度抑郁症（7%）和广泛性焦虑症（9%）等疾病相比，比较罕见。但同时，它与DSM-5中的一些疾病持平，甚至更常见，而这些疾病在流行文化和新闻媒体中得到了更多的关注。例如，躁郁症I型的发病率为0～6%，精神分裂症的发病率为0～7%，但受到更多的关注。

每当我谈到《精神疾病诊断与统计手册》（第五版）中没有提及愤怒症的时候，人们经常会指出这种障碍里面包括了愤怒。当然，你不会犯这个错误，因为现在你已经很清楚愤怒和攻击性之间的区别。间歇性暴发性障碍是一种攻击性障碍，而不是愤怒性障碍。虽然它的爆发被描述为"基于愤怒的"①，但其标准显然只是愤怒的一种表达，而且并没有承认管理不善的愤怒可能导致许多不同的负面后果。

## 冲动是一种人格特征

与任何行为一样，有些人比其他人更容易冲动行事。冲动性模式图的一端是适应不良的和有问题的，甚至可能是可诊断的，另一端是典型的冷静、沉着和镇定。我们认为那些经常容易冲动行事的人（也就是说，他们的行为比大多数人更冲动）具有冲动型人格。为了帮助确定人们在这个模式图中的位置，我们可以使用巴瑞特冲动性量表来对冲动性进行自评。这是一份有30个问题的问卷，提出了"我通过试错来解决问题"和"我说话不经思考"等陈述，让人自评打分。分数越高，意味着冲动性越高，同

---

① 为了我最近写的一篇文章，我在DSM-5中搜索了愤怒这个词的每一个实例。它的使用次数屈指可数。不过你知道什么词被反复使用吗？"危险"（指对自己或他人的危险）。

时研究表明，这份问卷可以揭示各种心理健康和行为问题。

埃里克·达伦和我一起做了几项关于冲动和愤怒的研究，我们使用了同样的问卷。在第一项研究中，我们想知道冲动和愤怒的攻击性表达之间的关系是什么。我们给受试者做了一堆关于冲动性、无聊倾向、愤怒和攻击性等概念的问卷调查，以确定这些东西中哪一个最能预测攻击性。我们发现，冲动性与愤怒、愤怒的外在表现（大吼大叫）与攻击性有关。[18]当你进一步观察时会发现，真正突出的是冲动与愤怒的外在表现有关，并与愤怒控制呈负相关。换句话说，那些很难控制自己冲动的人，真的很难控制自己的愤怒。他们有时会极度暴力，有时即使没有实施暴力行为，他们也可能会大吼大叫。

我们所做的第二项研究与前一项非常相似，但侧重于研究攻击性驾驶（路怒症）。[19]令人吃惊的是，当时还没有人研究过当冲动与攻击性和路怒症的关系。同样，我们再一次给受试者做了冲动性和无聊倾向的问卷（与上述问卷相同），但这回我们还同时询问了他们的驾驶习惯。他们在路上开多长时间有可能发生危险性行为（比如注意力不集中、开车不系安全带），以及因为这些危险行为而遭受不良后果的频率如何（比如超速被开罚单、遭遇交通事故）？

冲动性与每一个可能的愤怒和攻击性驾驶有关，其中包括：言语攻击性驾驶、身体攻击性驾驶、使用车辆表达愤怒以及其他。基本上来说，如果你是一个冲动的人，你更有可能对他人大吼大叫，对着他们竖起中指，堵路，尝试追赶他们，甚至下车试图与他们打一架。事实上，当我们考察危险驾驶的整体情况时，其中大概23%的原因来自冲动，而当你考察把车辆作为武器的倾向，通过堵截他人或故意放慢速度来激怒对方的时候，冲动在这里占接近20%的原因。简而言之，冲动是我们在路上看到的许多暴力事件的根源。

## 武器效应

到目前为止，我所讨论的大部分内容都和冲动的个体差异相关。但千万不要忽视环境的作用。为此，我想谈谈我与俄亥俄州立大学传播学院的社会心理学家布拉德·布什曼（Brad Bushman）的一次谈话。布什曼是攻击和暴力研究领域的杰出学者，曾担任奥巴马总统枪支暴力委员会委员。我有幸就攻击性驾驶和情绪宣泄（我们将在第十二章中介绍这一概念）相关话题对他进行过采访。这两次采访里，我深深地被他那惊人的科学思维所吸引，希望大家都能像他一样做事。他用数据回答问题，用研究结果讲故事。当我问他问题的时候，他会用叙述的方式来回答，内容包括过去学者的研究成果，这些结果如何影响了他的研究，以及他自己的发现。当我问到一些他不了解的问题或者研究尚未完成的问题的时候，他会告诉我，虽然他无法给出确切答案，但还是会根据他所知道的类似的结论进行预测。

他和他的团队在攻击性驾驶的研究中使用了一个不可思议的驾驶模拟器。用他的话说，它就像一辆"完全被屏幕包围"的真车。模拟器内部和左右两侧的后视镜都配有显示屏，使模拟驾驶尽可能地真实。通过给受试者创造出身临其境的真实感，我们可以了解到在现实生活中，如果他们遇到类似情况时会如何应对。这是一种研究攻击性驾驶潜在危险的安全方法。

他介绍了他们在2017年利用模拟器做的一个研究项目，探索武器效应。这项研究基于1967年莱昂纳德·伯科威茨（Leonard Berkowitz）和安东尼·莱佩奇（Anthony LePage）进行的一项著名研究——"武器效应实验"。他们把男性大学生带到实验室，告诉他们要进行"对压力的心理反应"的研究。两个受试者配对为一组，每人都要完成一个任务（他们需要提供给经纪人一个想法清单，用以提高歌手的唱片销量）。5分钟的工作之后，他们的回答被收集起来，然后分别被带到不同的房间。

正如很多著名的心理学研究一样，这项研究其实并不是对压力的心理反应，与受试者配对的搭档也不是真正的受试者。他们的搭档是研究小组的成员（也就是心理学研究者常说的"助手"），研究内容是关于视线内有武器存在对一个人采取暴力行动的可能性的影响。在各自被带到不同的房间后，受试者的手臂与电击电极连接[1]。同时，助手则坐在一台机器前，机器可以对受试者进行实际电击。然后，助手通过电击的方式向其提供关于他们先前工作的"反馈"。当他们完成后，双方交换位置。助手被连接到电极上，受试者通过电击的方式对他们的工作进行反馈。根据设定的两个条件：①受试者接受了多少次电击；②他们所在的房间里桌子上放了什么，实验分为六个不同的类别（如果算上一个什么都没做的对照组，则有七个类别）。电击次数这个条件相对简单，易于理解。受试者要么被同伙用七次电击激怒，要么只被电击一次而没有被激怒。另一个条件比较复杂，当受试者进入房间时，会遇到三种情况：①屋里的桌子上什么都没有；②桌子上放了一些运动器材；③桌子上放了一把12号口径的猎枪或一把38毫米口径的左轮手枪。当桌子上有东西时，研究人员会说："哦，我不敢相信另一个实验者没有清理好自己的东西。请不要理会桌子上的东西。"实验结果见表5-1。

---

[1] 这项研究不应与斯坦利·米尔格拉姆（Stanley Milgram）在20世纪60年代进行的一系列研究相混淆，该研究发现，如果接到命令，大约三分之二的人会对另一个人进行可能致命的电击。在那些研究中，电击是假的。这一次，它们是真的。事实证明，心理学家们研究电击实验有了很长的历史，要么假装电击人，要么来真的。

表5-1 受试者被电击后的反馈

| 受试者 | 桌上物品 | | |
|---|---|---|---|
| | 无 | 运动器材 | 枪 |
| 低愤怒(一次电击) | | | |
| 高愤怒(七次电击) | | | |

伯科威茨和莱佩奇想看看受试者会对他们的伙伴进行多少次电击作为反馈,以及是否会根据他们所在的小组的不同而有所不同。他们发现,在桌子上什么都没有和桌子上摆着运动器材的情况下,得到的结果没有区别,但在桌子上摆着猎枪或手枪的情况下,受试者会对搭档进行更多次电击。尤其是当他们被激怒了七次时,情况更是如此。

他们在文章中指出,"许多所谓源于无意识动机的敌对行为,其实是由于攻击暗示的操作而产生的"[20]。

布什曼说:"这项研究在实验室内外已被多次重复。"事实上,在我们的讨论中,他指出最近的那次是他自己研究武器效应的动机:

我读过一项研究[①],那是一份对2770名美国司机进行的全国性抽样调查。研究指出,那些在过去的一年里至少有一次在车里放

---

① 在2006年由赫门威(Hemenway)和同事进行的,对道路上的攻击行为的研究。

着枪的司机，与那些没枪的司机相比，前者更具攻击性。在对其他司机做出猥亵的手势方面，二者比例分别为23%和16%。在发生追尾事故方面，二者比例分别为14%和8%。研究人员控制了许多不同的因素，比如性别和年龄，同时也控制了驾驶频率，以及他们是否居住在城市（或城市环境中）或类似的条件。

布什曼和他的研究团队认为：

因为根据这项调查研究很难做出因果推断，[①]所以我们在自己的驾驶模拟实验室复制了伯科威茨和莱佩奇的实验。受试者上车，通过抛硬币来做决定，他们的座位上要么放着一个网球拍，要么是一把9毫米口径手枪（未上膛）。研究人员说了同样的话："哦，真不敢相信另一个受试者没有把这里清理干净，你就别管了。"我们发现，在挫折模拟场景中，那些在副驾驶座上放着枪的受试者比在副驾驶座上放网球拍的受试者更具攻击性。而且我们可以根据该实验进行因果推断，因为我们是用抛硬币的方式来确定座位上是放网球拍还是枪。

---

① 正如我所说，他有一个科学思维缜密的头脑，不把任何事情视为理所当然。他看到了有趣的发现，认识到了局限性，并采取下一步措施来解决这些局限性。

我让他描述一下攻击性和危险性的行为，他详细介绍了一些我们在路上可能看到的典型行为：追尾、超速、越过迎面而来的车辆或者开到路肩①上通行。乱按喇叭，出言不逊，或者使用攻击性的手势，比如对着其他司机竖中指。其中最可怕的反应是"有一个人居然拿起枪想打死对方司机"。

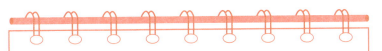

### ▶◀ 练习：管理冲动性

在这个活动中，请想象一个因为愤怒而冲动行事的场景。无论你当时的行为是否具有攻击性，请提供一个你在被激怒后做事没有考虑后果的例子。

（1）绘制愤怒事件示意图。触发事件、预生气状态和评价过程是什么？

（2）为了应对该愤怒，你做了什么冲动的事情，结果是什么？

（3）回过头来看，你希望自己再次应对类似愤怒时有什么不同的做法？

---

① 路肩指位于车行道外缘至路基边缘，具有一定宽度的带状部分。——译者注

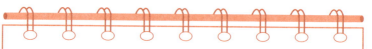

（4）虽然我们稍后会更多地讨论如何控制自己的怒气，但你认为在那一刻你可以做些什么来阻止自己冲动行事？

## 人际关系中不加控制的愤怒

诸如此类因为冲动性愤怒而导致的暴力事件无处不在：走在路上的陌生行人之间、体育赛事期间的赛场或者球场上、办公室里共事的同事之间等。当暴力发生在人际关系中，它的影响是什么？愤怒的这种表达形式在家庭中、配偶之间或对孩子的影响是什么？其他形式的愤怒呢？如果不加以控制，愤怒会对人际关系造成什么影响？

# 受损害的人际关系

## 第六章

为什么我们

会生气

Why We Get Mad:

How to Use Your Anger for Positive Change

## 一种社会性情绪

愤怒有时被称为"社会性情绪",因为它通常在社交场合中出现。研究人员发现80%～90%的愤怒事件都是在社交场合中发生的。[21]当人们独处一室,没有和他人交流时,很少会感到愤怒。我敢打赌,如果让你来列出最近五次发脾气的场景,你会发现它们几乎都会牵扯到其他的人。这与另外那些基本的情绪不同,比如悲伤、恐惧或喜悦,这些情绪往往发生在你独处的时候。由于愤怒是在社交场合中发生的,因此这意味着,管理不善的愤怒很可能导致人际关系受损。

我有一个来访者坐在我的办公室里反思他与女友之间的混乱关系。他经常对女友发脾气,虽然从未伤害到她的身体,但是经常对她大吼大叫。"我可不想做个暴躁的人。"他沙哑着嗓子说,随即泪流满面。这个来访者的父亲脾气暴躁,因此他深知被人大吼大叫的滋味。他很讨厌自己发脾气,来我这里接受治疗就是希望能够学会更好地管理自己的愤怒。人们因为愤怒而在情绪上受到类似的困扰是比较常见的,但现在我更感兴趣的是他的愤怒对他们人际关系的影响。

埃里克·达伦和我在完善愤怒后果调查问卷时发现,根据大多数受试者的说法，人际关系受损是愤怒带来的一个相当普遍的后果。在调查问卷上有三个项目对它进行衡量：破坏友谊、让我的朋友害怕我、让我的朋友对我发火。受试者需要指出他们在过去一个月中因愤怒而经历这种后果的频率（从"从未"到"四次或更多次"）。平均而言，受试者表示他们在过去一个月中遇到人际关系问题的次数均略超过一次。

几年后，我和我的研究团队对经常在网上泄愤的受试者进行在线调查，并收集数据。[22]要说明的是，这绝不是一个有代表性的样本。这些受试者会在网上发布匿名且带恶意的帖子，比如标题是"我太恨×××了""×××很烂"，我们可以假设他们比一般人更容易愤怒[①]。虽然这次没有使用完整的愤怒后果问卷，但我们还是问了一些具体问题并得到了相应的数据，比如在接受调查之前的一个月里，发生肢体冲突和口角的次数（平均分别为1.26次和1.45次），因为愤怒而滥用药物的次数（1.39次），以及因为愤怒导致的人际关系破裂的次数（1.26次）。

这些数字相当惊人。如果说你在过去的一个月里因为愤怒至少破坏了一段关系，这就是愤怒带给你的严重后果。虽然对这些

---

① 另外，我们的研究证实，他们比一般人更容易愤怒，所以我们不需要假设。他们在特质愤怒量表中的得分明显高于平均水平，该量表是对一个人的愤怒倾向的衡量。根据愤怒表达量表，他们表达愤怒的方式更消极。

受试者来说，过去的一个月有可能是不典型的（也许这就是他们来网上发泄的原因，因为他们一直非常愤怒），但也有可能过去的一个月对他们来说是很典型的。这只是他们在典型的一个月里发生的事情。更糟糕的是，我怀疑这被低估了。我将在本章后面继续讨论，我怀疑管理不善的愤怒对人际关系造成的损失远比这些研究中发现的要大得多，而且比大多数人意识到的还要大。

## 一场"特别恶劣"的战斗

尼基（Nikki）[①]是我的学生，她于几年前毕业。我曾经在社交媒体上发帖，寻找因为愤怒而和他人发生过肢体冲突的人，她回复了我，我们通过电话聊了聊。我和尼基在她求学期间就相当熟悉。她跟我学过几门课程，毕业后我们一直在脸书上有联系。她很坚强，也很勤奋。不过我时常发现有些学生在学校以外的生活非常复杂，她就是其中之一。

大学四年级的时候，尼基在和一个通过交友平台认识的男人约会。正如她所描述的那样，"他搬到我这儿了。"她说，"我们并没有真正讨论过这个问题，但慢慢地他搬进了我的公寓。"从我俩的讨论来看，听起来这好像是他的典型行为。他通过各种

---

① 尼基不是她的真名。

各样的方法来操纵她，用她的东西，开她的车，买东西的时候让她付钱，甚至占用她的公寓。他们交往了一年，在那段时间里，他对她的言语和肢体攻击不断升级。①她告诉我，在那一年里他们发生了好几次肢体冲突。"这些冲突在多大程度上是你的自卫行为，而不是你挑起的？"我问道。我想知道这是否是一个亲密伴侣暴力事件，她在这里是单纯的受害者；或者他们两人都有错，都曾挑起事端。虽然后者相对罕见，但确实发生过。我问她："这些肢体冲突中，有多少次是你出于自卫的原因动的手，目的是保护自己远离伤害？"

她说大约80%的情况她都是在自卫，由她主动挑起事端的情况大概占20%："那段时间我感觉很怪，因为受到了他的虐待，他在感情上和心理上都在对我进行操纵。"尼基当时还在上学，需要全力去兼顾课业和工作。两人常常发生争吵，大部分时间是因为他乱用她的物品。比如经常不打招呼就把她的车开走，一走就是几个小时甚至几天，她没办法只能步行去学校。她说："这是一种有毒的关系。"只有20%的情况是她先动手，原因是他做了一些让她很讨厌的事情，通常是不经询问就使用她的物品。

他俩最后的那次吵架，用她的话说，"特别糟糕"。一开始

---

① 请记住，尼基是主修心理学的，所以她的一些描述（如"在语言和身体上都具有攻击性"）很有临床意义（至少对我这个将她引以为豪的心理学教授来说是这样）。

只是口角之争，但很快事态就升级了，他又一次未经允许开走了她的车。那是一个周末，前一天晚上男友来尼基的公寓，两人在一起喝了些酒。当她醒来时，他已经离开并开走了她的车。电话、短信他都不回，尼基很担心，因为公司有可能随时喊她去工作。那一整天里她一直给他发信息，随着时间的推移，内容变得越来越"有敌意"。

他没有回复她的任何信息，回来的时候已经接近午夜了。他说他一直在工作，他的工作地点就在几个街区之外，但车的油箱已经空了，明明前一天晚上还是满满的。尼基告诉我，"很显然他开了一整天的车"。当她指责他时，争吵升级成了一场争斗。

"你为什么不回我的信息？为什么认为这样做没关系？"她尖叫起来。脸色铁青，满脸通红。"我恨你！"

他开始穷尽各种字眼辱骂她。他说她应该信任他，他已经在努力了，所以她应该放他一马。双方开始大吼大叫，她很紧张，担心警察会上门。类似的事情以前曾发生过两次，因为他们吵架的声音太大，邻居们报了警。但是她告诉我，当时她已经完全失去控制："我完全停不下来。"

"去你的！"他对她大喊，"我走了。"

她跟着他跑过去，试图阻止他回到车里。他抓住她的头发，把她推开。"这一切太可怕了，"她告诉我，"就像一场噩梦，你可能认为这不会发生在自己身上，也认为你不会有如此的经历，但它确实发生了。"她跟我说她当时非常生气，非常沮丧，不知道该怎么做，所以只能不停地尖叫，和男友厮打。

男友的身体比她强壮，尽管尼基努力不让他上车，但他还是能回到车里。尼基随即坐到了副驾驶座上，双方继续互相吼叫着。"不，"她喊道，"你得离开我的车！这是我的车。没有我的允许你不可以使用我的车！"他开始踩油门，她继续大喊："停车！这是我的车！快下去！"

他一把抓住她的头发，把她拉向自己，说："你这是为了争取平等权利。你是个女权主义者。这就是平等权利给你带来的'好处'！"他一边开车一边多次击打她的脸。车开上了高速公路，尼基很害怕。她不再反抗，最后说服了男友回到她的公寓。她泪流满面，当他们下车回到公寓时，互相咒骂着对方。

进屋后，她又给了他一拳。"你就是一坨屎，"她说。"你不应该来这里。这是我的房子，这些都是我的。"他奋力回击，他们再次吵成一团，厮打，扯对方的头发。后来，他压在她身上，开始掐她的脖子。她感到无法呼吸，以为自己要晕过去了。

也许意识到了事情的严重性，男友停了下来，放开尼基。她跑到浴室，把自己锁在里面，直到听到他离开屋子。她看着镜子里的自己，眼睛淤青，肿得老高。头发被扯掉了好几绺，全身青一块紫一块的。几个小时后，他回来了，情况也同样糟糕。他的身上有淤青，眼眶也破了。

这件事成为导致他们关系破裂的最后一根稻草。她意识到了事情的危险性，于是在手机和社交媒体上屏蔽了他，她还搬了家，试图将他从自己的生活中完全抹去。

当尼基回想起这件事以及双方这段关系的时候，心情很复杂。"我们俩一直都在生对方的气。我们从来没把矛盾说清楚，任由怒火爆发。"很多人问她为什么不离开男友，[①]她的回答对于处在暴力关系中的人来说比较常见。在双方相处的大部分时间里，男友操纵尼基，切断她与她关心的人的联系，让自己成为她生活中唯一亲密的人。尼基觉得自己被困住了。她不能去找房东，因为不管怎么说男友都不应该住在那里。她不想起诉，因为有几次都是她先动的手，她不相信司法部门可以帮到自己。

## 我们无法控制

说实话，尼基的故事并不是我最初想寻找的那种。我想了解的是那些出于愤怒和别人发生肢体冲突的人。但是她讲述得更多的是有关亲密伴侣间暴力冲突的故事，尽管有些时候是她先激起

---

[①] 对于这个问题，我的感觉很复杂。它本质上是对受害者的指责，好像受害者在某种程度上有责任一样。同时，我们需要知道这个问题的答案，以便我们能够帮助人们摆脱类似的暴力关系。

矛盾，<sup>①</sup>但绝大多数时候她是暴力、精神操纵的受害者。

综上所述，从与她的交谈中可以看出，在被激怒时她很快就会做出攻击性反应，而且这并不只限于她和男友之间。她说："我以前很难控制自己的脾气，我生起气来会抓狂，会动手打人。"她描述了自己与兄弟姐妹之间非常激烈的身体对抗。他们经常会大打出手，有时甚至会打对方的脸。她对我说。"我们三个人都有易怒和相互攻击的问题，我不认为别的兄弟姐妹也这样，因为我们会动真格的。"

这让我很好奇。我是家里最小的孩子，上面有一个姐姐和两个哥哥。有些时候我们会互相挑衅，特别是我的哥哥们，他们有时会打我，通常是打我的胳膊或肩膀，但我不认为这是因为他们生气了。以我的经验来看，没有人试图伤害或侵犯任何人，而且我们打架的时候不会攻击对方的脸。印象中我们很少因为争吵或者愤怒发生肢体冲突。

除了以上我个人的家庭经历，我还找到了2015年的一篇研究兄弟姐妹之间暴力的文章来获得更多的数据。这是英国华威大学的尼尔·蒂皮特（Neil Tippett）和迪特·沃克（Dieter Wolke）的研究<sup>23</sup>，他们对近5000名10岁至15岁的孩子进行了调查，以

---

① 这真的取决于你如何定义"开始"，因为她所举的例子一直是他用可怕的方式对待她以及由此她爆发的反应。

了解他们作为施暴者或受害者遭受兄弟姐妹攻击的经历，研究表明大约50%的受访者经历过这种暴力。这在10岁至12岁的儿童中（58.1%）比在13岁至15岁的儿童中（41.9%）更常见，而且这与作兄弟姐妹之间的施暴者高度相关。换句话说，那些施暴的儿童通常也是受害者，被其他的兄弟姐妹欺负过。不过，这项研究没有告诉我的是那些暴力行为的严重程度，这是我在尼基的事件里感到好奇的部分。虽然这两种行为都很糟糕，但打肩膀和打脸是不一样的，我仍然不知道后者有多普遍。

我觉得尼基所说的情况在普通家庭里面并不常见。她有一个弟弟和一个妹妹，她说他们小时候经常打架，这种情况一直持续到他们的成年初期。有几次过圣诞节的时候大家起了冲突，以下是她的描述：

刚开始是你一拳我一拳，都打在胳膊上，然后，会升级到大家互相打脸，扯对方的头发。第二天早上总是会一切恢复正常，因为前一天晚上的混乱都是愤怒惹的祸。我们会给彼此道歉，然后说，"事情发展得太快了。"我们无法控制自己，我们也意识到我们无法控制自己，生活会继续，但是……它有时会到达一个爆发点那就是，你懂的……"我就是要伤害你。"

她跟我说，她的父母有时也会吵架，但从未发生过肢体冲突。他们会彼此抱怨，仅此而已。父亲经常需要离开房间一会才能平静下来。这可能是个好办法，因为父亲确实有施暴的历史，尼基大概就是从他那里继承了那些表达愤怒的方式。[①] 父亲脾气曾很暴躁，他说，"我像你这么大的时候，动不动就会和人打一架。"父亲告诉她，有一次他以为自己杀了人，因为当时场面太过激烈。那是一场酒吧斗殴，最后被朋友们制止了。他曾因为酒后斗殴和其他事情进出监狱多次，但那次事件是一个转折点，他意识到自己需要做出改变。

尼基长大后，父亲明确地告诉她，有些问题需要通过暴力来解决。孩子们总是通过他们的照顾者的示范来学习情绪表达。如果父母或其他主要照顾者表达愤怒的主要方式是大吼大叫，孩子也会这么做；如果他们的表达方式是哭，孩子就学会了哭；如果他们的表达方式是打架，孩子就学会了打架。但在这个案例中，尼基的父亲更直接，他甚至教孩子们如何进行身体上的自我保护，如何出拳。她说，父亲告诉她"如果有人欺负你，你最好懂得如何保护自己"。

---

[①] 这与上文皮特和沃克在文章中提出的观点一致，他们发现"育儿特质与兄弟姐妹的攻击性联系最紧密"。

## 看不见的干预

我也有一个爱生气的父亲。不过我父亲的情况不同，他不喜欢和别人打架。父亲成年后从未和别人发生过肢体冲突，我猜想他小时候也不经常干这种事。但是我父亲的嗓门特别大，这给他和其他人的关系方面带来了一系列非常不同的后果。

在我的孩子出生前，我养了一条狗；它是一条可爱的小猎犬，名叫金赛。有一天，我正在看一场足球比赛，金赛趴在我旁边，蜷缩在床上。比赛里有个判罚我觉得是错误的，所以很生气，对着电视大喊了几句。我喊得声音很大，并持续了一小会儿。当我平静下来之后，低头看了看金赛，发现它很害怕。它浑身颤抖，不安地盯着我。它不只是在害怕，它是害怕我。那一刻我吓了一跳，心很痛，我意识到自己把它吓坏了，我讨厌这样的自己，与此同时，我意识到这可能听起来很傻——金赛的眼神把我带回到我的童年，当我还是个孩子的时候，那些看到父亲对着别人咆哮的瞬间。我很害怕，我在童年的大部分时间里都生活在对父亲的恐惧中。

值得一提的是，他很少对着我发火，印象里他好像只吼过我几次。我很少成为他发怒的目标，但是目睹他朝别人发怒，也对我们的关系造成了很大的影响，让我很害怕他。这里有两个重要的教训：

（1）他可能不知道我是多么害怕他。

（2）所有这些都不会在前文调查问卷里体现出来。

关于第一点，他怎么可能知道？我从未告诉过他。我很害怕他，所以不可能同他私下谈论我的感受。虽然长大以后我变得没那么害怕他了，但在他身边我还是会感到很不舒服。小时候经历过的那些恐惧意味着，作为一个成年人，我从来不觉得我可以做自己。每次我在他身边的时候，都感觉自己像是在参加工作面试，我必须表现得最好，因为害怕惹他生气。可笑又可悲的是，我所害怕的事情在成年后其实很少发生。实际上随着年龄的增长，他开始变得温和起来，变得没那么容易生气了，但我的不适感从未消失。

这是愤怒破坏关系的另一种方式。经常生气的人，特别是当他们向外表达这种愤怒时，会使他们周围的人感到不舒服或害怕。他们周围的人都在试图避免任何会导致他情绪爆发的事情。当爆发真的到来时，无论是否应该对此负责，他们往往觉得必须去想办法尝试解决这个问题。

同时，易怒的人可能不会知道他们的愤怒爆发带给周围人的影响。他们很可能无法看到别人的恐惧和不适。由于像"愤怒后果调查表"这样的调查关注的是人们经历特定后果的频率，如果接受调查的人没有意识到，调查就无法反映出后果的全部内容。有可能前面那些研究的结果明显低估了它的危害。

## 线上攻击性

要记住的另一件事情是，愤怒后果调查表于1996年问世，在2006年进行了修订，当时的社交媒体远非像现在这样无处不在，也不存在这些由现代社交媒体所带来的非常真实的愤怒后果。几年前我给自己的研究助理看了这份问卷，他们指出问卷缺少一整类后果，具体来说，就是那些让你在盛怒之下上网发帖后可能发生的事情。我们开始着手编制一份在线愤怒后果问卷，可以用来作为其他量表的补充[①]。

为了写这个问卷，我们着手生成一份清单，列出那些在网上表达愤怒之后发生在人们和他们认识的其他人身上的负面事件。我们把这个项目外包给了一家社会媒体以生成尽可能多的事例。很高兴我们这样做了，因为大家想出了一些我从未想过的东西。有些是我了解的，比如人们有时会因为他们在网上发布的东西在工作中遇到麻烦，有时会发送一些他们事后会感到后悔的电子邮件。但是我从未想过，有时人们会故意张贴他人不光彩的照片作为报复。我也没想到，人们会在网上发布一些东西，希望那些惹他们生气的人能够看到（一种被动攻击的帖子或反社会的媒体）。最终的量表包括两种主要的网络行为后果：冒犯他人和对他人进行攻击。前一类描

---

① 这个量表目前还没有发表，但是我们写了一些问题，并收集了一些数据，探索这些项目和其他愤怒后果之间的关系。

述的是人们出于愤怒而发布了一些东西，冒犯了他们所关心的人。通常情况下，他们会对自己发布的内容感到后悔。比如，"因为我生气时在网上发布的一些东西，我失去了一个朋友或破坏了一段关系""我在工作中遇到了麻烦，因为我出于愤怒发布了一些和我工作相关的东西"。后一个类别，即对他人的侵犯，包括更有意地通过在线行为来对他人进行伤害。这里的项目包括"通过社交网站泄露某人的秘密或隐私"或"在网上给他人起外号"。

人们伤害关系的频率又是相当惊人的。这些当事人并非异常愤怒者（事实上他们在其他衡量愤怒的指标上的得分都在正常范围内），他们在过去一个月里，大约有1.1次曾经在网上冒犯他人，而且还曾试图在网上故意伤害他人。这两个量表与其他一些与愤怒有关的问题，如其他愤怒后果和适应不良的表达相关。基本上，如果你经常生气，或者经常暴怒，并向外表达，你也会常常因为通过社交媒体发泄愤怒而导致人际关系受损。

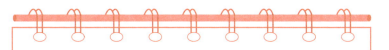

### ■◖ 练习：探讨关系后果

以下活动旨在帮助你充分思考愤怒可能带来的与人际关系相关的后果，活动分为两个步骤：

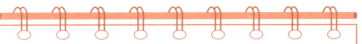

（1）找出生活中的五个重要人物（如家人、朋友、同事）。

（2）思考他们在你生气时都经历了什么，以及你的愤怒可能给他们带来的感受。例如，有没有曾经对他们大吼大叫，导致他们感到害怕或受伤？有没有对他们实施冷暴力，把他们惹恼了？有没有在网上发布过伤害他们感情的东西？

## 一片混乱的情绪

回想一下尼基的故事，有几点确实很突出。

首先，这一事件改变了她的生活。"我从中吸取了教训，"她说，"我试图做得更好，当我感到气得要爆炸的时候，我会从那个场景中抽离开。自2016年以来，我没有陷入任何肢体冲突。"

"当感到那种无法控制的愤怒时，你如何阻止自己发飙？"我问。她回答道："我会果断地走开，终止与对方的交谈并离开那里。哪怕是走到另一个房间或到回到我的车上，都可以坐下来冷静一下。"

其次，她陷入了极度无力感，无论是在最后那场战斗中，还是在与男友相处的大多数日子里。对此，她是这样说的：

我主修心理学和人类发展专业，辅修妇女和性别研究。因此我关注所有的性别平等问题，这些让我感觉到被全面赋权。我跟前男友说起这个的时候，他很不屑，告诉我说他可以殴打我。①他在我感觉到能量的时候对我进行打击，让我陷入深深的无力感。他贬低我，让我低到尘埃里。他对我实施精神操纵，让我觉得孤立无援。

这里面有很多东西需要解读。很明显尼基的前男友非常残忍，同时他自己的恐惧也显而易见。人在感受到威胁时是会如此表现的。出于对尼基能量的害怕，他觉得需要把她打倒在地。毕竟如果她力量足够大的话，她就会把他踢出去。

不过，在这里我想解读的是她的无力感和愤怒。那个人极度不公正地对待她，干扰她的生活（阻挠她的目标）。她感到愤怒，她有权利愤怒，但她不确定处理这种愤怒的最佳方式是什么。她陷入深深的无力感，被恐惧压得抬不起头，"整个人乱成

---

① 我相信他在这里的逻辑是这样的："如果你相信性别平等，我打你是可以的，因为我也会这样对待一个男人。"

一团"。同时她也生自己的气："我早就应该看清楚这一切。我早就应该离开，或者可以做些什么。各种情绪混杂在一起，乱糟糟的。"

这种混乱的情绪——对男友的愤怒、对自己的愤怒、恐惧、悲伤等都是很常见的。愤怒并不是在真空中发生的，我们在感觉到它的同时，也会感觉到其他的情绪，如悲伤、内疚、嫉妒、恐惧，甚至是快乐。事实上，适应不良愤怒会对愤怒者本身造成情感和身体上的损害，这是它的常见后果之一，习惯性愤怒的人因为他们的愤怒而遭受巨大的痛苦，而他们的痛苦方式在很大程度上取决于他们如何表达自己的愤怒。

身体
和精神健康 | 第七章

## 行动者，有能力完成他们的特定任务

20世纪50年代中期，两位医生——迈耶·弗里德曼（Meyer Friedman）和瑞·罗森曼（Ray Rosenman）注意到他们的冠心病患者有一些特别之处。他们都是心脏病专家，在旧金山共同拥有一个私人诊所。他们发现，60岁以下的心血管病患者们几乎总是表现出一系列特殊的人格特征。他们有动力、有野心、易怒、好强，而且容易受挫。这一观察让他们开始思考一些现在看来比较明显，但在当时却有些不合常理的事情：他们的这些性格特征与他们的心脏病之间是否存在联系？

他们对这些假设做了研究，并将结果写进了1959年《美国医学会杂志》（*Journal of the American Medical Association*）的一篇题为《特定的公开行为模式与血液和心血管检查结果的关系》（*Association of Specific Overt Behavior Pattern with Blood and Cardiovascular Findings*）的文章中①。在这项研究中，他们根据这

---

① 值得注意的是，他们把这称为"行为模式"而不是性格特质。在20世纪50年代，行为主义主导了心理学领域，以至于人们不谈论性格。心理学家，或者在这里是医生，需要一些可以观察到的东西来谈论，所以他们谈论的是可以看到和测量的"行为模式"，而不是无法测量的性格。

些行为模式对两组受试者进行了比较。A组受试者主要特征是：

（1）有强烈的、持续的内驱力达成个人选择的，但通常是定义模糊的目标。

（2）极度热爱并渴望竞争。

（3）坚持不懈地希望得到他人认可，不断实现自我超越。

（4）持续参与有最后期限的各种事务之中。

（5）有时间紧迫感，喜欢加速完成任务。

（6）超常的精神和身体警觉性①。

B组受试者则与此相反。这些受试者"相对缺乏内驱力、进取心、紧迫感、对竞争的渴望或对有最后期限事务的参与"。还有第三组，即C组，由46名失业的盲人组成。他们被选中的原因是，虽然他们没有表现出A组的特征，但由于他们的残疾，他们面临着特别的压力。弗里德曼和罗森曼试图从中找出环境或生活状况带来的压力源的影响。

来自这三组的所有受试者都接受了采访、观察和调查，内容包括从是否具有这些特征到他们的家族史再到他们在采访中的坐姿。上午9点到11点会给他们抽一次血，并进行其他一些冠心病测试的评价。在文章中，弗里德曼和罗森曼将A组描述为"行动者，

---

① 他们这里说的就是我。

有能力完成他们的任务"。[1]他们发现A组是一个不太健康的群体。他们吃得更差，睡得更少，酒喝得更多，烟抽得也更多。他们的胆固醇更高，他们的凝血功能较差，而且患冠状动脉疾病的可能性较高。

最终，这项研究和发现为心理学和医学中的一个概念提供了起源，"A组"后来被称为"A型"人格。

## 没有耐心

具有A型人格的人往往是雄心勃勃、固执、有条理、外向、焦虑、急躁和有敌意的。不过，A型人格最突出的情绪特征之一是这种人很容易被激怒。拥有高期望值和高目标的后果之一是这些目标会受到阻碍——有时甚至相当容易。A型人格的人不仅对自己有很高的期望，他们对周围的人也有很高的期望。他们希望他们的同事、朋友、配偶、孩子和其他人做他们"应该做的事"，如果没有这么做的话，他们会很生气。

拿我以前的来访者罗伯[2]为例。罗伯在他的私生活以及职业生涯中都有极强的目标导向性。每天起床后他都要列一串冗长的待

---

[1] 我妻子看到这儿会笑了，"我们过去是这样定义雄心的吗？"她问，"只是做你应该做的事情？"

[2] 此处隐去他真实的名字。

办事项，如果没能完成所有的任务，晚上睡觉前他会很失望。如果是自己的原因导致任务没完成，他会感到悲伤和内疚。如果他认为是由于同事的原因导致自己没有完成任务的话，他会生气，有时会非常生气。他不是一个喜欢大吼大叫的人，但他会在回家后向妻子控诉同事们的"罪行"。比如如果同事回复电子邮件不及时或者错过其实并没多重要的最后期限的话，他会生气。这一切堆积起来，以至于即便是一些小事也开始让他感到不安，比如人们因为开会没能完成任务，或者上班时在走廊上闲逛，这些都会成为比实际情况大得多的障碍。他可以花一整天的时间纠结于为什么其他人"工作如此糟糕"，以及他们是如何导致"自己未完成任何工作"的。

和其他有A型人格的人一样，随着时间的推移，这开始对罗伯造成影响。每天大部分时间里他都感觉很受挫，精神和身体健康受到影响。这就是高愤怒特质的人的经历。最重要的后果之一是这会对他们的身体健康带来影响。然而有趣的是，我们很难找到单独探讨愤怒对健康影响的研究。通常情况下，它被捆绑在其他相关概念的研究中（如A型人格或神经质）。

例如，美国犹他大学的蒂莫西·史密斯（Timothy Smith）在2006年的一项分析[24]中，研究了性格与身体健康的关系。严格来说，性格与情绪是完全不同的。性格是一组相对稳定的品质或特征，如外向、执着或对新经验持开放态度。也就是说，一个人可以有一个易怒的性格，即他们很容易以及经常做出愤怒的反应。在这种情况下，并不是说他们一直在生气（就像一个外向的人可能不会一直外向一样），而是说当他们感到被挑衅时，他们往往更容易发火。罗伯就是易怒的性格。史密斯的文章是对过去有关这一主题研究的回顾，他指出了一致的发现："敌意很快就成为具有A型人格的人最不健康的特征。"事实上，如果把A型人格特质的不同方面挑出来，并分别研究其竞争力、野心和敌意时，你会发现即便有的话，竞争力和野心对健康的影响非常小，而敌意和愤怒则对健康有着显著的影响。

## 长期抱怨的后果

2002年，帕特里夏·张（Patricia Chang）和她的同事为了更好地了解愤怒和心血管疾病之间的关系，做了一项引人入胜的全面研究。[25]然而，做这种研究的挑战之一是，如果等到病人患上心血管疾病之后，再来回顾他们的往日生活，了解愤怒在里面起的作用，这种情况下你得到的数据可能已经被他们的记忆歪曲了。他们可能通过当前状态的滤镜对往日生活进行了修饰，因此无法反映真实情况。为了更好地了解在人的一生中慢性愤怒和心血管疾病之间的关系，我们需要在受试者年轻时——在出现任何健康后果之前——开始收集数据，然后等待观察后面出现的问题。

与之相关的是美国约翰斯·霍普金斯大学前瞻性研究，这是约翰斯·霍普金斯大学医学院对健康结果进行的一项长达70多年的纵向研究。这项研究由卡罗琳·贝德尔·托马斯（Caroline Bedell Thomas）发起，始于1948年，并持续到今天，他们每年都会对受试者进行评价。根据约翰斯·霍普金斯大学的一篇文章，"由于不知道哪些指标会被证明是重要的，托马斯几乎测量了她能想到的一切，包括胆固醇水平和血压等。她甚至让受试者把手伸进冰水中，并吸食香烟，以测量他们的生理反应"。[26]因此，每个受试者大约有2500个变量，包括一些与愤怒和敌意有关的变量。到2021年，这项研究已经催生了150多篇研究论文的发表。

其中一篇研究论文是在2002年，张和她的同事为了更好地了解"年轻男性的愤怒和随后的过早心血管疾病"而进行的研究。他们研究了1000多名受试者的问卷反馈，以确定应对压力的愤怒反应是否能预测后来的心血管疾病。完成最初调查的受试者（1337名在1948年和1964年之间毕业的学生）指出他们通常应对压力的反应。内容包括了三个与愤怒有关的选项：表达的或隐藏的愤怒、抱怨和易怒。每个选项都和它听起来差不多。根据你对压力的反应是生气、易怒或跟朋友或同事抱怨，来选择相应选项。研究人员还观察了选择这些选项的人后来是否过早地（55岁之前）患上了心血管疾病。他们发现受试者选择的与愤怒相关的项目越多，他们就越有可能出现早期心血管疾病。他们同时研究了在控制抑郁和焦虑等变量的情况下，这种情况是否依然存在（他们对愤怒的测量与他们对抑郁和焦虑的测量相关）[①]。结果表明，即使他们控制了抑郁和焦虑情绪，严重的愤怒情绪也与早期心血管疾病有关。

　　不过，在这些研究结果中始终难以明白的是，究竟是什么原因使得愤怒和敌意导致这些负面的健康结果？有几种不同的可能性。第一种可能性是，长期的愤怒可能会导致生理疾病。正如我们在第三章中谈到的，当你生气时，交感神经系统就会启动。你会感到心率加快，肌肉绷紧等。在经常生气的情况下，由于长期保持这种状态，容易引发生理疾病，如冠心病、慢性肌肉疼痛、紧张性头痛，以及其他各种与压力有关的健康问题。第二种可能性是，这会带来间接的负面健康结果。长期愤怒的个体往往更容易出现酗酒、过量吸烟、药物滥用等问题。他们往往会暴饮暴食，或有着其他与负面健康结果有关的不良习惯。最终这两种可能性结合在一起，从而解释了为什么我们常常发现愤怒和生理疾病有关。

---

[①] 他们对愤怒的测量与他们对抑郁和焦虑的测量有关，这是很多研究的一致发现。正如我们将要谈到的，愤怒不仅有生理上的后果，也有心理上的后果。

## 一般适应综合征

汉斯·塞利（Hans Selye）是研究压力的医生，他开发了一个"一般适应综合征"模型，通过三个阶段（紧急应变阶段、长期抗争阶段和身心衰竭阶段），解释了为什么压力会影响我们的身体健康。[27]再次值得注意的是，压力与愤怒不同，但愤怒、恐惧和悲伤等情绪是压力的常见要素，所以它仍然具有相关性。当我们面对一个压力源或一个愤怒事件时，我们第一阶段做出的反应是紧急应变，我们的战斗或逃跑系统就会启动。这是一个相对短暂的阶段。第二阶段是长期抗争阶段，在这个阶段，我们的身体释放出一些激素，包括皮质醇，以帮助我们保持精力充沛，应对持续的威胁。第三阶段是身心衰竭阶段，我们已经与感知到的威胁斗争了太长时间，变得衰弱了。我们感觉疲惫，失去食欲，免疫系统受到抑制，并失去生活动力。

长期的压力导致的健康后果中，至少有一部分与第二阶段的皮质醇释放有关。皮质醇是一种增加新陈代谢的激素，它会在短期内提供额外的能量并改善你的免疫系统。然而，随着时间的推移，由于长期的压力，皮质醇会分解肌肉，削弱免疫系统，它会导致体重增加、睡眠困难、血压上升，并引起头痛。长期的压力也会损害大脑中与记忆和注意力有关的区域。

正如皮质醇在压力反应中起的作用一样，习惯性愤怒对个体身体健康的影响很广泛。这不仅仅是通过与A型人格相关的心血管疾病或前瞻性研究发现的。习惯性愤怒已经与慢性疼痛、癌症、疾病易感性和关节炎联系在一起了。不过，其中一些情况并不能单纯用愤怒的直接影响来解释。除了我们的战斗或逃跑系统和一般适应综合征的后果，一定还有更多的故事发生。

正如史密斯在他2006年的分析中指出的那样，愤怒和敌意的影响很可能部分地通过更间接的机制发生。例如，习惯性愤怒也可能通过我们的行为来影响我们的健康。想一想人们用于处理负面情绪和压力的各种行为方式。虽然有一些人会通过更积极的方法，如冥想和锻炼来处理它，但也有许多人在这些困难时期践行了不太健康的生活方式。他们可能会暴饮暴食，酗酒或者吸烟过量。他们可能会缺乏睡眠以及运动不足。我们经常发现，长期生气的人在生气的时候会有以上各种不太健康的行为，而这些行为会带来负面的健康后果。

以琳达·穆桑特（Linda Musante）和弗兰克·特雷伯（Frank Treiber）在2000年的研究为例[28]，他们探讨了青少年愤怒表达方式和健康行为之间的关系。通过调查400多名青少年受试者，询问他们有关愤怒和各种健康行为的问题，他们发现，愤怒的表达方式确实影响了健康行为，压抑愤怒的青少年较少参加体育活动，而且更经常饮酒。因此我们可以认为，即使愤怒的表达方式并不总是与生理活动相关——因为他们是在压制它而不是向外表达它——它仍然对身体健康有负面影响。

## 缝了20多针

虽然我们尚未就此进行过讨论，但是生气会对人们的身体造成伤害，这是显而易见的。有时出于愤怒，我们会伤害自己，通常是无意的，但有的时候也可能是故意的。曾经有个来访者给我看她手臂上的伤口，伤口很大，需要缝20多针。她说前一个周末她喝醉了，和男朋友发脾气，一怒之下对着窗户捶了一拳，把窗户打碎了，胳膊被残留在窗框里的碎玻璃割伤。按照目前的情况，她的右臂上可能会留下永久的疤痕。话虽如此，事实上她很幸运。她可能会对自己造成更大的伤害，说不定会割断一条大动脉或造成严重的神经损伤。这已经不是她第一次在生气的时候伤害自己了，但这是最糟糕的一次，也是她在释放信号，寻求帮助。

这种无意识的自伤是有愤怒管理问题的人所承受的后果之一。一怒之下，他们对着墙壁或者咖啡桌出气，伤到自己的手脚。与其他后果相比，自伤的频率比较低。根据我们2006年的研究[29]，自伤平均每月发生0.17次，算是最不常见的后果。① 不过，从这些研究结果中无法得出的是，这些自伤事件有多少是出于故

---

① 相比较来看，酗酒以及药物滥用平均每月发生0.67次。

意的。有些人通过自虐来处理他们的愤怒情绪。这说明了愤怒与其他情绪（如悲伤、内疚和嫉妒）的复杂关系。

## 纯粹是生气吗

在我研究愤怒之初，导师和我正在开发一种情绪诱导程序。我们想在实验室里提升愤怒的感觉，从而可以在人们愤怒的时候研究他们。基本来说，我们在创建一种能让人生气的系统。[1]出于某种原因，对于我的论文委员会成员来说，重要的是我们的愤怒诱导必须只能增加愤怒而不包括任何其他情绪。在当时，我对此是认可的。我们希望知道人们在生气时的表现，而且只能是生气，而不是害怕、悲伤、嫉妒或内疚。我们让受试者们做了一个名为 "分化情绪量表" 的问卷，上面有一系列5英寸长的线条，每条线条代表一种感觉，他们在上面做标记来表示自己当时的感觉。[2]我们让大家做问卷，然后经历一次情绪诱导，再次做问卷，再经历一次不同的情绪诱导，最后再一次做问卷。

大多数情况下我们可以做到让受试者愤怒，同时只有一点悲

---

[1] 当然我的家人和朋友会告诉你，我从小就知道如何惹人生气。

[2] 我记得它们是5英寸，因为我必须用尺子测量每个人的线条长度，以确定他们的分数。有近300名受试者，每个人有12次测量，我做了3600次测量，以确定我的受试者在研究的不同阶段的感觉。

伤和害怕，但这很难。我们创造了一系列的可视化程序，要求受试者想象发生在他们身上的令人恼火的情况。我们假设的场景是，有人在杂货店里被别人狠狠地撞了一下，对方却没有跟他们说道歉。不过，在分析过程中，我们发现很多人也会同时感到害怕和悲伤。这放慢了我们的研究速度，因为我们需要不断修改场景，尽量将其他情绪降到最低。现在回想起来，我不确定如此刻意提升纯粹的愤怒是否有直观的意义。在实验室之外，愤怒并不是在真空中发生的。在人们感到愤怒的同时，也会感到恐惧、悲伤和嫉妒。

## 扔东西、大叫和哭泣

这让我们想到了克里斯（Chris），这位女士与我分享了她在愤怒爆发的时候是如何经常与另一种情绪——焦虑联系在一起的：

我丈夫最常提起的那个例子发生在我们的第一间公寓里面。那时我把所有的文件和账单都放在文件柜的箱子里。那是一个带有盖子的塑料箱，箱盖也是塑料的。当时我很生气，这可能是由于我的焦虑情绪造成的。我甚至不记得是为了什么吵架，但我记得自己拿起其中一个箱子的盖子，把它朝墙上扔过去。我当时气坏了，扔的力气非常大，盖子砸到墙上碎成了无数块。他喜欢讲这个故事,但对我来说这很尴尬。

我花了很长时间才搞明白自己有焦虑症,并意识到它是什么。现在我才明白,我的焦虑是愤怒的来源。焦虑使我无法正常思考,无法完成任何事情,也无法安心。这一切惹恼了我,因为我不知道该怎么办。

在我这里,焦虑的表现形式是愤怒,而对于其他人来说,他们可能会因为焦虑而陷入抑郁,或者变得过度狂热,疯狂地进行大扫除或者干些别的什么事。对我来说,我的表现是愤怒、扔东西、大吼大叫还有哭泣。我有广泛性焦虑症,对任何事情都会感到焦虑,尤其是在我开车的时候。遇到黄灯我会焦虑,不知道是应该通过还是应该停下来。而惹上警察则是另一个问题。现在我的焦虑症非常严重,常常担心在工作中遇到麻烦。此外,我对自己和丈夫卡尔之间的冲突感到焦虑,尽管我俩以前从来都没吵过架。是的,这种担心和焦虑是广泛的、普遍的,我会因为各种小事而担忧,幸好现在通过药物治疗得到了控制。

广泛性焦虑症的核心症状是担心。广泛性焦虑症患者会担心各种不同的事情,从工作中的失误到可能发生在他们所爱的人身上的意外。这些消极的想法充斥着他们的大脑,以至于整个人难以集中注意力,无法完成工作,还会引发睡眠障碍。对克里斯来说,她总是沉溺于这种过度的担心,这对她的生活产生了影响,因此她很沮丧，随之开始生气。她因为感到失控而觉得无助，从而导致沮丧和愤怒，不知道该怎么办。

我跟她描述了她的这种模式，并问她怎么想。她的回答透露了很多信息："确实如此，人们会试图告诉我一切都很好，这不是什么大问题，我就会开始生气。"

人们试图帮助她，但他们的方式让她感觉更糟糕。"他们根本不听我在说什么，没有人理解我，我不知道如何表达我的感受，他们也不明白我。有些事不太对劲，没有人关注我。"

从本质上讲，她在告诉大家她很害怕，但是当大家急于帮助她的时候，却在不经意间忽视了她的感受，只是告诉她一切都会好的，要放松。在她看来，他们好像在说她的感受并不真实。克里斯最终接受了治疗，对发生的事情有了更好的认识。

"我告诉治疗师，我最不喜欢卡尔说的话是一切都很好。不，一切都很不好! 你为何看不到我的挣扎？我现在正在通过治疗学习如何正确表达这种挣扎。"

克里斯所描述的是情绪管理的一个重要部分。人们需要学习的不仅是了解自己的感受，还有如何将这些感受传达给自己亲人的方法。对克里斯来说，她需要学习如何能认识到自己什么时候会觉得焦虑，把自己焦虑的感受告诉丈夫，同时也要帮助丈夫理解到当他无意中忽视这些感受时，她会怎么想。

"开始的时候，我们需要认识到这是一种焦虑，并接纳它，"她告诉我，"这是最重要的。接纳自己的感受。试图弄清楚触发因素是什么，是什么导致了它。我还使用了很多基本的技法，最喜欢的是五感技法：想象五个你能够看到的东西，四个能够触摸到的东西，三个能够听到声音的东西，两个能够闻到味道的东西，一个能够尝到的东西。当你针对这些物品进行想象的时候，你已经把自己的想法从焦虑中转移出来了，你的注意力已经集中在了那些实实在在的东西上。"

## 次级情绪

克里斯的故事并不少见。事实上，我经常被人问及是否相信愤怒是一种次级情绪。①我曾经在一次求职面试中被问及"尤达大师（星球大战电影里面的人物）是对的吗？"

"哪一方面呢？"我问道。

"当他说'恐惧会导致愤怒。愤怒导致仇恨。仇恨导致痛苦'。他说得对吗？"他接着说，他觉得人们在失去某些东西或可能失去某些东西时就会很愤怒，而对丧失或潜在丧失的自然反

---

① 有的时候他们直接来教育我，而不是询问我的意见。就好比有个人打电话到我做客的电台节目，说（带着一些敌意）："我要提醒这位好医生，愤怒是一种次级情绪，来自恐惧和悲伤。"这感觉很冒昧。他怎么知道我是不是个好医生？

应分别是悲伤或恐惧。

我理解他的论点，而且我认为有时这也是事实。如果我们失去一些东西，比如，挚爱的亲人去世或我们失去一份有意义的工作，我们的第一反应是感到悲伤。但在我们处理丧失的过程中，这种悲伤可能会转变成愤怒。我们会对导致亲人死亡的原因感到愤怒。我们会对解聘我们的老板，或导致我们被解聘的糟糕经济形势感到愤怒。有一种类似的说法是，愤怒实际上只是抑郁症的外在表现。当人们有愤怒的问题时，他们实际上只是抑郁了，并且不知道如何处理它。

我对后一种说法不敢苟同。根据《精神疾病诊断与统计手册》（第五版），抑郁症有一个临床定义，大体上被定义为强烈的悲伤感或愉悦感下降。抑郁症有九种不同的症状，其中最接近愤怒感受的是，有时抑郁症儿童会变得很烦躁。那些认为愤怒是"抑郁症外显"的人，使用的抑郁症定义与其他专业领域的人不同。

在我看来，愤怒在本质上并不次于任何其他情绪。然而在一个特定的情况下，它可能是次要的。上面提到的那个悲伤的例子里，很显然愤怒在其中各种情绪中处于次要地位。我有一个来访者，他在一次飞机失事中幸存下来后，患上了严重的创伤后应激障碍。他最初的反应是强烈的恐惧，但随着时间的推移，这种恐惧变成了对坠机事件相关的所有人的愤怒。正如我之前所说，情绪是复杂的，它们通常不会自己单独发生，我们通过各种混杂交织在一起的感受来应对生活事件。

发生这种情况的原因有很多。对一些人来说，这可能是一种应对机制。想一想，如果让你选择，你是愿意感到害怕、悲伤还是愤怒？在这些选项中，你很可能会选择愤怒。原因很简单，它与那些其他的情绪相比不那么消极。很可能有些人在感到悲伤或恐惧时，会以一种使他们感到没那么不舒服的方式重新评价情况。他们没有自欺欺人，而是开始着重关注导致他们发脾气的那一部分，而不是沉浸于悲伤或害怕。

例如，我有一个来访者，她的住处被人闯入，电视机被偷走了。事情发生在半夜，当时她在另一个房间睡觉，第二天早上醒来后，她发现房间的窗户大开着，电视机不见了。起初，她感到震惊和恐惧。"怎么会发生这种事情，"她问自己。"怎么会有人在半夜闯进来而我却没发现？"这让她感到很脆弱。"他们可能会攻击我。"她对我说，"我可能会被强奸。"不过，话题很快就转移到让她生气的那个部分。她的注意力从恐惧转移到了愤怒上。"现在电视没有了。我得买一台新的，因为有个混蛋偷走了它。"

这并不像当你看电影时，可以把目光从可怕的部分移开，或者某些事情让你深感悲伤时说一句"没关系"。我有一个好朋友，当事情显然不尽如人意时，他经常说"一切都好"。对他来说，这是一种应对机制。他真正想表达的是："我现在不想考虑这个，所以我把它重塑为不那么悲伤。" 上面的来访者不希望思考她的脆弱，她想感受到自己的力量，而她对小偷的愤怒让她感受到了自己的力量而不是脆弱。

## 重叠的想法类型

不过，这些情绪间的另一个联系要追溯到咱们最初探讨的我们为什么会生气的原因。正如你已经知道的那样，愤怒的出现来自一个触发事件、预生气状态和对该刺激的个体评价之间的相互作用。最终，这个评价过程不仅是要确定你是否应该生气，而且要确定你是否应该被刺激惊吓到或者是否应该感到伤心（取决于你把刺激解释为威胁还是失去）。另外，那些让你生气的想法中的一部分也会给你带来恐惧和悲伤。例如，灾难化是和恐惧以及焦虑相关的核心思想。如果你把一个事件解释为有史以来最糟糕的，你很可能会感到害怕以及愤怒。

这是我在创建愤怒认知量表时想调查的内容之一，该问卷测量了这五种愤怒想法类型（过分概括化、过度苛责、错误归因、灾难化和贴挑衅性负面标签）。我想知道通过这些想法是否也能预测焦虑和抑郁。我给受试者提供了抑郁焦虑压力量表[30]，并寻找灾难化、过分概括化等与其他状态之间的关系。

确实，它们之间是相互关联的。不仅愤怒与悲伤和焦虑关系密切，而且这些感觉状态都与这些消极想法类型相关。我在调查这个问题的所有研究中都发现了这一点。我们在2005年做的另一项研究发现[31]，与灾难化和思维反刍有关的想法与抑郁、焦虑和愤怒也很有关系。该研究使用的是认知情绪调节问卷。研究同时发现，指责他人，这种通常被我们认为与愤怒密切相关的想法类型，与焦虑也有类似的关系。尽管这些状态之间有很大的不同，但导致这些状态的想法和生理结构是相似的。

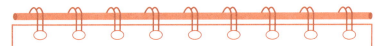

### ■ 练习：愤怒、悲伤或恐惧

在这个活动中，咱们来重新审视一下之前你绘制的某个愤怒事件，问问自己：在那些反应中，愤怒占了多少，其他情绪占了多少？你感受到的是纯粹的愤怒，还是混杂着悲伤、恐惧、嫉妒或其他情绪？

如果有其他情绪，那么它们是被什么驱动的？你的愤怒是因为你专注于愤怒的部分而感觉它更强烈吗？是不是你的想法（如灾难化、指责他人）同时也引发了愤怒以外的其他感受？

## 并不总是理性的

当然，我们在生气时的这些想法并不总是理性的。我们很可能都曾遇到过这样的情况：我们非常生气的情况下，会想一些甚至说一些后来发现并没有什么道理的事情，我们甚至可能会做一些极不理智的行为使自己难堪，事后追悔莫及。

非理性
思维

第八章

## 视频捕捉到的画面

视频平台"油管"（YouTube）上面有不少人们发脾气的视频。我的朋友以及同事经常把此类视频转发给我，他们这样做有时只是为了好玩，同时也想了解我对视频的看法。有的时候我会收到新闻媒体转给我的视频，因为他们想让我从愤怒（研究）的角度对里面的内容进行评论。"看看这个，愤怒大师! 你相信吗？"他们写道，并附上一段视频的链接，视频中一个女人站在路边拨打报警电话，因为有人对她竖起中指；或者是一个挥舞着球棒的男人，因为身陷账单纠纷而试图对他人进行威胁。这些视频内容的来源各有不同，有一些是监控录像，捕捉到了发生在街道上或商店里的纠纷；还有一些是新闻媒体在报道某项活动时拍摄到的突发争执。但最近，大部分内容似乎和陌生人在公共场合的争吵有关，视频是由其中某人在争吵中途拿出手机来做的记录。

我很喜欢看这些视频，因为通过它们，我可以看到平时并不经常能看到的东西。人们经常给我讲述他们愤怒的故事，但我很少有机会目击到现场的第一手资料。从这些视频中，我可以看到大家在愤怒的状态下是如何思考和表现的。其中大部分内容根据定义来讲都算是极端愤怒，否则，它们在一开始就不会被录制下来，当然也就不会在社交媒体上被疯狂传播。

总体来说，从这些视频中我们可以观察人们在生气时如何通过身体攻击或言语攻击来向外表达他们的愤怒，例如嘶吼、尖叫、暴力威胁、污言秽语，甚至是实际的身体攻击行为。尽管我在第六章中已经谈到了因愤怒导致的暴力，但还是想在这里和大家探讨一些不同的东西，我一直对这部分内容很感兴趣并为之着迷。这些视频给我们展现了大家日常生活中很少看到的一些场景——人们在真正被激怒的情况下，会脱口而出一些奇奇怪怪的，甚至是荒谬的话。

## 我要把你打倒

我们来看一下在2018年美国一商场停车场发生纠纷的这个视频。大致上来说，视频中的女子认为旁边男子把车停得离她的车太近，两人因此发生冲突。那段视频是在女子已经表达了一些愤怒之后开始记录的，根据当事男子的描述，该女子停车在先，男子随后到达并把车停在该女子车旁边，女子因为男子把车停得离她太近而表示愤怒，随后男子重新调整了自己停车的位置，并在下车时开始录像，以记录事件的剩余部分。

在这段2分钟的视频中，大概有长达1分钟记录的是女子对男子的斥责、谩骂的内容。她反复骂他，称他为"老油条"，说他一个老头子根本开不来那么大的车，质问他是不是只有通过与女人吵架才能获得满足，并向他提出挑战要和他打一架。视频的最后，她说："我会把你打倒的……随时奉陪！"随后，她转身走进了商场。录制视频的男子当然有用讽刺性的评论和玩笑来刺激她，但根据我们在视频中看到的情况以及视频中其他人对这件事的反应，女子的行为实属过激。

如果我们来看一下事件的导火索，就是男子把车停在了距离女子车旁边太近的位置引发了争吵，但实际上是因为女子自己没能把车停正，她是犯错的那一个。我们可以在视频中找到证据，那就是她把车停得越线了，偏向了男子的停车位。男子的车看起来确实很宽，宽到接近停车位的宽度。但是，如果说在他调整了车之后，问题仍然存在，那更可能是女子没有把车停好。当时在场的一位路人以及与她争吵的男子都跟她指出了这一点。你可以看到那个路人说她把车停得太歪。她似乎也有对着路人发火，不过我们没能听到她究竟说了些什么。她应该是被愤怒冲昏了头，以至于不愿意承认自己可能没有把车停得像她以为的那样好。

对我来说有趣的是，这里的证据足够清晰，任何一个处于理智状态的人都能看得出来。① 在这种情况下，任何一个思维正常

---

① 我想多说两句，我知道其他人对这个视频会有不同的诠释。与第四章中的飞机例子一样，关于停车也有"不成文的规定"。我当然可能不知道一些不成文的规则，但我敢打赌，有些人认为你不应该把车停在刚刚停车的人旁边，或者如果你有一辆大车，你应该尽可能地停在一排车的最后。

的人至少会对自己说："尽管他应该把车停得离我远一点，但主要问题在我，我没能把车停好。"那么为什么她却不这么认为呢？这就是问题所在：通常当人们处于愤怒状态时，他们无法进行理性的思考。我们在第五章谈到了可以导致暴力的冲动控制问题，有时也会导致一些荒唐的行为，不可理喻的愤怒以及偏激的言辞。

但是对我来说，评价这些视频的困难在于，我对整个事件的来龙去脉了解甚少。即使在这个案例中，虽然勉强可以看到大部分的互动，但是在视频记录开始之前到底发生了什么，我们无从得知，而那很可能是导致愤怒爆发和失控的导火索。即使我可以推测出他们争吵的原因，但是我对这些人所知甚少。我不了解他们在日常生活中是什么样的人。这次争吵是当事人某种行为模式的一部分吗？还是说这是双方在失去冷静后发生的一次性的单一事件？事后他们有没有对自己的所作所为感到后悔？我们看到的是一个原本理性，但是被一时的气愤冲昏了头脑的人，还是一个日常生活中就以这种方式行事和思考的人？我们无从得知。

## 情绪引起的非理性行为

长久以来，我一直对人们，包括我自己在内，在发飙时使用的那些表达愤怒的胡言乱语感到好奇。我曾见过父亲这么做，不过，在我大约10岁那年发生的那件事是最极端的版本。我当时坐在他的车后座上。父亲在开车，我的继母（我父母在我很小的时候就离婚了，他后来再婚）坐在副驾驶座，当时我们刚离开美国明尼阿波利斯市区的一家餐馆。那是一个周末的夜晚，职业棒球队明尼苏达双城队刚刚结束一场比赛。虽然我们没有去现场，但因为我们所处的位置离体育场很近，所以路上交通状况很差，任哪儿都堵得一塌糊涂。父亲开始变得焦躁不安，①这让我感到紧张。当父亲认为其他车辆妨碍到自己时，就开始提高嗓门怒吼，仿佛对方能听到他说的话一样。"嘿，你不能停在我前面！没门儿！轮到我了！"

我们被拦在一个红灯前，周围仿佛有很多行人。当信号灯变绿的时候，仍有很多行人在我们前面过马路，尽管对他们来说当时是"请勿行走"的信号。父亲摇下车窗，开始大吼大叫，比如"现在对你来说是红灯"和"滚出马路"。我的继母回头看看我，不自然地笑了笑，好像在说："哦，他又来了。"父亲的脾气被很多人嫌弃，其中也包括我，尽管在当时我并没有意识到这是多么可怕的事情，但我感到尴尬和紧张，试图钻进座垫下躲起来。

---

① 对我来说，他对周围的人生气是很有意思的。我明白这种挫折感（目标受阻），但如果这种情况发生在我身上，我很可能会更生自己的气，而不是跟他人生气。我会气自己为什么明知当晚有比赛还去市中心吃饭。

父亲开始启动引擎，将汽车一寸寸地往前挪。我相信他并没有想试图伤害任何行人，只是想示意该轮到车辆前进了，大家应该停止过马路。不过他的做法吓坏了其中一个行人，那人把他的妻子推开，自己一屁股坐在我们车的引擎盖上。父亲非但没有停下来，他开得更快了，开了将近20英尺，而那个陌生人就一直坐在引擎盖上。被他推开的女人开始对着我们打开着的车窗喊叫："你这个没有素质的。我怀孕了！"父亲对此的回应是猛踩刹车，导致那个男人从车头上掉了下去。与此同时，父亲怒吼道："既然是孕妇，就不要出门。"

在当时突发的失控情绪中，父亲对着行人大声嚷嚷，朝他们开过去，把一个人从引擎盖上摔下去，并对一个孕妇说她不应该出门。我被这些吓坏了，确信自己将目睹一场恶战。很显然这是一个极端的案例，但这类事情时有发生。一个平日里聪明睿智的人在生气的时候也会说一些失去理智的话，做一些疯狂的、不理智的事情。他会变得很不耐烦，口不择言。有一次，我们在通往登机口的路上，父亲对我说："机场这儿没有卖口香糖的。"因为当时他对在安检上花的大把时间感到烦躁，所以不肯停下来给我时间去买口香糖。① 还有一次，在一家餐馆，父亲只想吃甜点，

---

① 这是用来哄小孩子的那种把戏。"对不起，但看起来他们没有冰激凌了。" 可是我已经是个十几岁的少年了。这一招对我已经不起作用。因为我知道机场有卖口香糖的。

但是服务员告诉我们，如果我们想进去坐下，就得点一份正餐（当时有很多人在排队等位）。父亲大声对他说："我们上次来就餐的时候没吃到甜点，所以现在特意过来只吃甜点！"

我对这个话题很好奇，不仅仅是父亲的原因。在来访者与我的交谈中，他们常常跟我讲述他们发火时说过的各种胡言乱语，事后常常无法相信那些话居然是他们自己说的。某人告诉我，一天晚上她在酒吧发脾气，扔下朋友自己跑开了，随后又给他们打电话，埋怨他们没有把她追回去。另一个人威胁说要起诉一家快餐店，因为她最喜欢的三明治卖光了。同样，人们常常会把应该针对自己的挫折感转移到物品上。大家会说："那些该死的车钥匙跑到哪里去了？"好像车钥匙需要对你把它放错地方的这个事实负责一样。因此，长期以来我一直想搞清楚，到底是什么原因让大家，尤其是那些原本理智的人，在愤怒时想到并说出那些不讲道理的话？

很遗憾，我没有找到在这方面对我有所帮助的研究文献。有关"非理性"和"非理性思维"的搜索大多与"非理性的信念"这个已被充分研究过的不同主题捆绑在一起。我之前在第四章讨论评价这一要素在"我们为何生气"中起到的作用时提到了非理性信念。非理性信念是理性情绪行为疗法的一个核心要素，理性情绪行为疗法是阿尔伯特·艾利斯（Albert Ellis）开发的一种情绪治疗方法。非理性信念本质上是驱动我们对事件进行解释的核心价值观。"我遭到不公正对待，太可怕了！""只要有一丁点失误，我就是一个彻头彻尾的失败者"，这些和我现在要弄明白的非理性信念不是一回事。这一类的非理性思维会导致愤怒（如果我们通过非理性信念的视角来审视发生的事件，我们会感到愤怒）。我感兴趣的是，当我们生气时，我们会想到哪些非理性的事情，是我们正常情况下可能不会考虑的。

这才是我一直在找寻的研究方向：通过情绪诱导使受试者产生愤怒情绪，继而对其进行的研究，诱导方法可能类似我们早期研究中使用的视觉报告法。试验中诱导受试者时而高兴，时而生气，并让他们描述自己在这些情境下产生的想法。这被称为"模拟情境中的清晰想法范式"，它可以让研究人员从中了解到人们在特定情境中的想法。这个方法已被用于探索针对亲密伴侣暴力的反应；心理治疗方法的有效性；甚至用于针对仇恨犯罪的反应。然而在愤怒研究方面，它却很少受到研究者关注。

2018年，埃丽卡·伯克雷（Erica Birkley）和克里斯托弗·埃克哈特（Christopher Eckhardt）[32]用这种方法来研究与亲密伴侣暴力有关的情绪调节。我对他们研究的一些内容感兴趣是因为我好奇的是如何探索愤怒时出现的非理性思维，他们的这个研究是我在已发表的相关研究中所能找到的最接近的方法。他们要求受试者想象两个场景中的一个：一个是他们无意中听到自己的伴侣在与某位异性调情，另一个是他们无意中听到伴侣与某位异性的正常交流。前者已被证明会诱发愤怒和嫉妒，而后者被设计为没有什么情感变化，在这种情况下作为试验的对照。受试者要求在场景中预先设定的某一节点上"大声说话"。这些话语会被记录下来，并被归类为以下三个类别之一：言语攻击、身体攻击或好战行为（也就是带有威胁性或"旨在诱发争吵"的言辞）。

不同的情绪调节策略可能对这些明确的想法产生影响，研究者们对此特别感兴趣。在研究试验开始之前，受试者被教导要以特定的方式管理他们的情绪，并被要求在受到挑衅时使用这些方法。科研人员发现，那些接受过认知再评价指导的受试者（重新考虑他们的想法）在生气时不太可能有攻击性的言语表述。换句话说，那些被教导和鼓励对自己的想法加以思考并在愤怒时改变想法的受试者不太可能发表暴力言论。

这项研究之所以重要，有两个原因。首先，它展示了一种宝贵的方法，从而可以更好地理解人们在极度愤怒时的想法，无论该想法是荒谬的、不合理的还是其他。尽管这个方法并不完美，实际上没有任何研究方法是完美的，但它可以给我们一些启发。其次，它显示了认知再评价如何能够作为一种有价值的方法将这些攻击性的想法降到最低，我们将在本书后面章节广泛探讨这部分。

鉴于缺乏对愤怒产生时非理性思维的研究，我们只好来猜一猜这里到底发生了什么。实际上，有两方面可能在起作用，一个方面是与冲动控制以及我们的前额皮质有关。正如你在第三章已经了解到的，我们的前额皮质负责冲动控制，使我们不做或不说我们可能想做或想说的事情。它是我们大脑的一部分，能够控制我们的言行。同时它也是我们大脑中负责计划、组织和决策的部分。当人们感知事物的时候，大脑的这一部分决定我们如何处理这些感受。我们尚未谈及的是，对某些人来说，当他们生气的时候，前额皮质这一部分是如何变得不太活跃的。尽管这些人的大脑皮层完好无损，并没有像建筑工人菲尼亚斯·盖奇那样因意外爆炸导致他的一部分大脑皮层受损，但他们的大脑皮层并没有发挥它应有的冲动控制机能。

同样，我很乐意阅读与此相关的研究文献，但似乎还没有对应的研究存在。假设我们可以在某人被激怒时对其进行功能性磁共振成像检查，以观察其前额皮质的反应。也许我们会要求他们要么压制自己的发泄欲望，要么通过某种攻击行为来实现这种欲望，从而对人们压制或表达愤怒时大脑中发生的情况进行比较。或者，我们可以要求他们在被激怒时清晰阐明自己的想法，并留意大脑活动与特别不合理或荒谬的陈述之间的关系。我们可能会发现，那些在生气时伶牙俐齿，尤其是那些表达特别不合理想法的人，他们的前额皮质活动不怎么活跃。这些人可能就是那些试图说服已经十几岁的孩子，在机场没办法买到口香糖的人。

有项研究可以让我们对此有一些了解。2018年，一项由加迪·吉拉姆（Gadi Gilam）和他的研究团队进行的研究，[33] 探索了人们在受到挑衅时如何做出有关钱财方面的决策。受试者被邀请加入一个"充满愤怒的最后通牒游戏"，在这个游戏中，他们会收到据称是来自前任玩家的金钱交易提议，虽然这不是真的。这些提议内容要么是无敌意的（"我们平分吧"），要么是有些敌意的（"这就是报价，接受它吧"），要么是相当有敌意的（"来吧，失败者"）。受试者事先已接受过游戏玩法的培训，在实际的游戏过程中通过功能性磁共振成像扫描大脑，研究人员可以观察受试者在接到提议时前额皮质的活动情况。研究人员发现，在接到一个不公正的出价提议或会带来危险的条件的同时被称为"失败者"，受试者大脑前额皮质的活动会有所增加。也就是说，前额皮质必须执行额外的工作来应对因此引起的愤怒。

这项研究本身已经很有意思了，但还有一个因素使它格外引人注意。研究者们发现，受试者在玩游戏的同时，他们的部分大脑会受到"弱电流"的刺激。正如我们在第三章中通过研究讨论所知道的那样，弱电流可以影响大脑活动。他们发现能够通过刺激前额皮质来影响对不公正出价提议的接受情况。从本质上讲，刺激大脑皮层会降低人的愤怒程度，从而增加人们接受不公出价的概率。为什么会出现这种情况呢？这说明了愤怒的保护机制特性。我们因受到不公正对待而感到愤怒，从而阻止我们做出不恰当的决定。如果这种愤怒感减少了，它的保护机制会随之减弱。

从表面上看，这与本章所涉及的有关愤怒导致非理性行为和言论的观点有些背道而驰。为什么在这个研究案例中愤怒对我们有帮助？这里需要记住的是，本研究中受试者所体验到的愤怒程度是相对较轻的。研究设计的游戏中，受试者被称为"失败者"，并提供给他们一个不公正的金钱交易提议。尽管这显然对受试者很不友好，可能会使受试者生气，但这与人们在现实生活中遇到的大部分挑衅还是不一样的。

如果我们做一个类似的但会诱发更强烈愤怒情绪的研究，会发生什么？①我们可能会发现，当前额皮质管理理性决策的能力被情绪的力量所淹没时，当事人的所言所行荒谬到连自己都不敢相信②，因为此时大脑中负责阻止他们的大脑前额皮质的控制机能已经被弱化了。

也许有另一种方法可以解决这个问题。我们是否可以关闭一

---

① 出于道德原因，我们不应该这样做。为了强调这一点，我需要明确指出，不可以这么做，因为这是不道德的。

② 就像掉进无底洞一样。在某种程度上，我们必须"相信"这些非理性的陈述，是不是？因为这是我们说的话。我们可以事后决定是不是赞同它，但是它并不是无中生有的。归根结底，这来自我们的大脑。

个人功能良好的大脑的前额皮质再诱发这个人发怒，然后看看这个人是如何反应的。实际上，借助使用众所周知的对前额皮质有着影响的酒精，我们就可以做到。酒精可以影响人的决策、记忆、计划等功能。那么当研究人员让受试者喝醉并诱发他们发怒时会发生什么？受试者会变得具有攻击性。

2008年，埃克哈特通过另一个研究也给出了这个问题的答案[34]。他把招募来的受试者分为两组：含酒精饮料组和安慰剂饮料组。在饮用了为大家准备的饮料后，受试者参加了"在模拟情境下表达清晰想法"的任务（与上述研究类似）。在听完一段令人气愤的事件录音后，受试者需要对着麦克风说出自己的想法。同样，他们的想法被分类为言语攻击、身体攻击和好战行为。研究人员发现，在攻击性问卷上得分高并被随机分配到酒精饮料组的人，在被激怒时发表攻击性言论的可能性是其他组的8倍。更有意思的是，与那些在攻击性问卷上得分高但没有得到酒精饮料的人相比，他们表达攻击性想法的可能性是后者的3倍。

这意味着什么呢？研究表明当大脑前额皮质的控制机能被弱化时，对愤怒的管理影响巨大。当它被弱化时，我们会发表攻击性言语，反之，则不会。但是这并没能告诉我们，一个原本理性的人是否会被愤怒冲昏了头脑，使自己的前额皮质控制机能被弱化，在言行举止上显得特别荒谬。

## 合理化非理性立场

不过我认为在这个谜题中，除了大脑不同部分的活动之外，还有另外值得关注的一点。我怀疑有一部分人在生气的时候，他们尤其需要证明自己是正确的。为了满足这种需要，他们愿意绞尽脑汁去做各种脑洞大开的事。比如告诉别人，他们今晚应该只吃甜点是因为他们上次没有吃到，只要自认为理由充分，他们便什么都可以做。如果口头上攻击那个他们认为把车停得离自己的车太近的人，并给其贴上各种负面标签，能够更容易地忽视实际上是自己没有把车停好这个事实，那么他们当然会这么做。

我们可以将其看作认知失调的一个版本，这是莱昂·费斯汀格（Leon Festinger）在他1957年出版的《认知失调论》（*A Theory of Cognitive Dissonance*）中描述的一个概念。从本质上讲，当人们的行为与他们的信念不一致时，会感到不舒服（他们经历了不协调）。正如费斯汀格所述："不协调的存在，表现在心理上是感到不舒服，为了消除这种不协调带来的不适感，个体会尝试进行自我调节来减少这种不协调，从而获取心理平衡。"换句话说，解决这种不协调的办法往往是通过调整想法和信念来证明行为的合理性。试想一下，有人声称保护环境是他们的基本价值观之一，但是当他们了解到饲养牲畜是破坏环境的主要因素时，他们会因此产生新的价值观。作为一个肉食者，他们要么改

变自己的行为，不再吃肉，要么改变自己的价值观。人们往往很
难改变他们的行为，而是选择将自己的价值观从"以任何力所能
及的方式保护环境是每个人的责任"转变为"人们应该采取合理
的措施来保护环境"。这种想法上的微妙转变使他们能够在关心
环境的同时，时不时也可以心安理得地享受一下牛排大餐。

这一点是如何适用在人们暴怒时可能产生的非理性想法和行
动上的呢？感觉自己不正确或者犯了错都会让人很不舒服，尤其
是当他们把永远正确作为自己的价值观或核心信念的时候。当他
们反应过度或犯错时，根据认知失调概念，他们需要调整自己的
想法以便让自己感觉更舒服。就像前面提到的那个肉食者一样，
他们会调整自己的想法，以便让他们觉得自己的行为是合理的，
或者觉得自己的愤怒反应是合理的。

再来看看上文那个商场停车纠纷的例子，这里面至少有一部
分错误是那个停车不规范的女子造成的。然而，与其承认这个错
误，使她自己感到脆弱并增加认知失调感，不如将问题外化到
其他司机身上，于是这位女子将问题归因于对方开的车"太大
了"，虚构了若干对方错误的理由，并忽略了所有相反的证据来
避免增加认知失调感的信息。

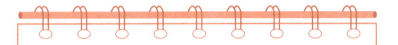

### ◗ 练习：最生气的一次经历

在这个活动中，请你想一想自己有过的最生气的一次经历。然后请着重关注你的想法，不是那些导致你生气的想法，而是生气后你想了些什么。

（1）想一想最生气的一次经历。

（2）当时你是怎么想的、怎么说的、怎么做的？是否合理？思维是否清晰？

（3）你的价值观和你所做的事情之间是否有冲突（也就是说，你是否体验到了认知失调）？

（4）这给你的价值观带来了什么启示？

## 评价后果

很显然，发怒会给人们带来一系列的后果。从健康受损（包括精神健康和身体健康）到人际关系的破裂，愤怒很容易干扰我们的生活。它可能会导致暴力冲突和其他的冲动行为，给自身或者我们身边的人带来伤害。当我们生气时，我们可能会说出以及做出一些不经意和不理性的事情，使自己感到尴尬。

然而，正是通过这些问题，我们才有可能学会如何更好地了解自己。通过对我们在人际关系中的愤怒情绪进行评价，可以揭示我们的价值观。我们在生气时表现出来的那些非理性言行可以告诉我们，什么是自己的核心信念。我们需要做的就是要更深入地去揭示这些层面。我们将在第三部分予以更深入和全面的探索。

了解我们的
愤怒

第九章

为什么我们

会生气

Why We Get Mad:

How to Use Your Anger for Positive Change

## 灾难性的状况

26岁那一年，我开车去参加人生中第一次专业会议演讲。那是在芝加哥举行的美国心理学会年会，我将在会上演讲我的硕士论文。这可是件大事，我的心情既兴奋又紧张。因为当时住在哥哥城郊的房子里，所以在演讲的那天早上，我需要开1小时左右的车进城。我讨厌迟到，也不喜欢仓促的感觉，所以一大早就起床赶路，自认为时间很充裕。

然而，我不知道前一天晚上芝加哥下了场大雨，市中心的一些地区被淹，部分街道被关闭。路况非常糟糕，早高峰的交通情况也清晰表明，即使我给自己预留了2小时的时间，能在演讲开场的时候赶到也已是万幸了。

我开始变得烦躁。针对天气的愤怒特别有趣，因为这里没有明显的肇事者。没有罪魁祸首，没有可以让我们泄愤的人。[①] 但这并不能阻止我变得焦躁不安。尽管车上只有我一个人，但我开始

---

[①] 在大多数与自然灾害有关的愤怒事件中都是如此。当大型活动因为下雨而被迫取消时，当遭遇暴风雪导致车祸时，当病毒肆虐带来全球健康危机，造成普遍的健康和经济问题时，人们均会感到愤怒，但不一定知道该对谁或什么感到愤怒。

时不时地大吼大叫，完全不需要听众，就只是对着空气抱怨。预计1小时的车程现在可能要花2小时15分钟才可以[①]。我意识到自己需要冷静下来，我自言自语道："好吧，瑞安，你正在赶往演讲的路上，演讲内容和人们为什么会生气有关。也许现在是时候使用一些与之相关的心理学知识来调节自己。"

于是，我不再把事情外化，而是开始琢磨整个画面，不仅留意想法，也留意我的感受。拥堵的交通（触发事件），与之相关的我的情绪（预生气状态），以及我的想法（评价过程）。我意识到，很明显这不是任何人的错。这是恶劣天气导致的结果，即使我觉得其他一些司机的行为让事情变得更糟，但他们只是和我一样，想尽快到达目的地。他们可能也有重要的事情要做，有些可能比我的演讲更重要。

我还意识到我对即将要参加的会议感到很紧张，这也是导致我发火的原因之一。如果把这部分因素去掉，虽然堵在路上那么久确实令人烦恼，但也没有这么糟糕。事实上，从预生气状态来看，有很多事情与我作对：前一天晚上我没睡好，因为我很紧张；早上为了赶时间，我没怎么吃东西；身上的西装也让我觉得拘束，远不如穿便装舒服。以上这些因素里的每一项，单就其自身来看都是无足轻重的小事情，但合在一起情况就大不相同了。

---

[①] 我迟到了15分钟，如果你想知道实际情况的话。

我又累又饿又焦虑，而且身体也感到很不舒服。

对我来说，最能说明问题的是我对上述情况的评价。让我们重新审视那五种类型的想法（错误归因、过分概括、过度苛责、灾难化和贴挑衅性负面标签），其中的一种想法尤其突出，那就是我正在把一切因素"灾难化"。当然，这里的每一种想法都有一点掺杂其中。我发现自己在生其他司机的气（错误归因），称他们为智力障碍者（贴挑衅性负面标签）。我发现自己说过类似"这种事情总是发生在我身上"这样的话（过分概括），甚至觉得自己有权这么要求他人（过度苛责）。但比这些想法更糟糕的是，我认为这次迟到将毁掉我的职业生涯。

我一直在思考演讲迟到的后果，认为这些后果是灾难性的，甚至将会导致我得罪那些以后可能成为我领导的人。杰瑞·德芬巴赫也将出席会议，他肯定会对我大失所望。他可能会把这件事告诉我的导师，而我又将从导师那里听他提起这件事情。①更糟糕的是，如果我不仅仅只是迟到了呢？如果我错过了整个会议呢？难道我做了这么多的准备跑到芝加哥做演讲，就是为了错过这个会议让自己难堪吗？

我强迫自己停止这种灾难化的胡思乱想，花时间在真正应该

---

① 有趣的是，当我到达会场见到德芬巴赫（我是第一次见到他）时，我极力表达歉意。他阻止了我，说"没关系，我也刚到"。

考虑的事情上，研究更可能发生的情况，以及它们可能会给我的职业生涯带来的实际影响。我应该不会错过整个演讲，我可能只是会迟到。这的确挺让人难为情，但考虑到当时的天气原因，我想大家应该会原谅我。我的导师也许会对我感到失望，但希望他也能理解我（尤其是平时我做什么事都挺准时）。德芬巴赫也是如此，希望他能理解。[①]最后，当我停下来评价我的每一个想法时，意识到自己脑海里的那些灾难性想法大部分并不那么容易实现。情况虽然并非理想，但也远非灾难性的。

我们应对愤怒的方法之一是探寻愤怒的源头，弄明白愤怒是从哪儿来的。2017年一篇关于情商在愤怒和攻击性中的作用的文章，探讨了探寻源头的价值。加西亚·桑乔（Garcia-Sancho）及其同事对650名受试者进行了情商测试，[35]以此来衡量人们在感知、利用、管理和理解自身情绪方面的情况。值得注意的是，这是一个衡量受试者在这方面的相关能力的测试，因此答案会有正确和错误之分。有些测试情商的研究则会采用自我测评的方法，比如说，在1分到5分的难易范围内，你觉得别人跟你吐露心声的容易程度如何？此类指标没有太大的参考价值。大家都知道，也

---

① 为了便于比较，假设我们尝试用这个方法来测试智力，我们不会提出具体问题，例如"墨西哥的首都在哪里？"，相比于这类有正确或者错误答案的问题，我们会问："在1—5分的范围内，请告知你对墨西哥地理知识的了解程度是多少分。"

许你自认为擅长某些事情，但事实可能并非如此。

他们发现总体而言，情商与愤怒、身体攻击、言语攻击和被动攻击（比如冷暴力）呈负相关。情商越高，越不容易生气或产生攻击性。作者指出："这些发现表明，拥有高情感技能可以减少身体攻击性的风险，并解释了为什么并非所有具有较高水平愤怒特质的人都会经常产生身体攻击行为。"换句话说，为什么愤怒的人并不总是具有攻击性，其中一个原因就是他们也能够理解、管理并以健康的方式使用自己的愤怒。

归根结底，这一切都要回到我们在第二章讨论的模型。能够诚实地评价这三个要素（触发事件、预生气状态和评价过程）就可以帮助你拥有更健康的情绪生活。

## 我们应该生气吗

评价为什么会生气可以帮助我们回答一个真正重要的问题：我们应该生气吗？我想从一开始就表明自己的观点：显然"我们应该生气吗"这个问题本身就是一种判断。我们无法套用任何公式来确定在某个特定情况下自己是否应该生气，但我们可以通过对自己提出一系列的问题，以帮助我们确定是否应该生气和应该有多生气。

这一系列的问题是：

（1）我是否受到恶劣、不公正的对待，或受到其他方面的伤害?

（2）是否有什么人或什么事阻碍了我的目标?

（3）我有没有做了什么来促成这个结果?

现在让我们逐一探讨这些问题，并谈谈如何作答。第一个问题，也许是最简单的一个问题，你是否受到了不公正或者恶劣对待？我之所以认为这个问题最简单，因为答案一般是肯定的。记得在第三章关于进化论的讨论中，愤怒最初存在的原因是它可以提醒我们自己受到了恶劣或不公正的对待。有可能这些愤怒的感觉是大脑在传达有人对你不利的信息。不过还是要花点时间，尽可能从不偏不倚的角度问自己这个问题。

在上面关于芝加哥交通的例子中，事实上我并没有受到任何恶劣或不公正的对待。尽管此事有些个人化色彩——这一天对我来说特别重要——但实际上我和那个城市的所有人一样，正在经历同样的状况。所以针对第一个问题的回答是否定的。至于第二个问题，是否有人或事阻碍了我的目标，毫不含糊地说答案是肯定的。我的目标简单明了，就是按时抵达这场活动，但是恶劣的天气阻碍了我完成这个目标。不过这个问题真正的价值在于，它帮助人们思考什么是可能的解决方案。如果你知道目标受阻是生气的原因，那么自然的后续行动就是开始思考如何解决这个问题。

现在我们开始讨论最棘手的问题，因为回答它需要一定程度的自我反省和诚实，这对许多人来说是困难的，尤其当人们生气时，这几乎不可能。当你问自己："我有没有做了什么从而促成这个结果？"你相当于在问，"这是否有可能是我造成的，我是否有意无意地做了什么从而导致了这个结果，以这样的方式对待我合适吗？"问自己这些问题必然不会有趣，因为提出这些问题的时候，你需要承认内疚以及内疚带来的相关感受。其中还混杂着我们前一章节提到的脆弱感，在你生气的情况下，这种脆弱感很难被认可和感知。

也就是说，这可能是那三个问题中最重要的一个。正如第六章中提到的，愤怒是一种社会情感。我们通常在与其他人互动的场合中感受到它，必须承认，我们给这些互动赋予了一些内容。我们需要考虑自己说过的话或者做过的事可能对情况产生了怎样的影响。有时这是很明显的，我们故意说了一些伤人的话，对方会用同样的方式回应我们。不过，通常情况没这么明显。也许我们无意中伤害了他们的感情，也许我们对这种情况的整体态度从一开始就让对方处于紧张的边缘。

例如，想象一下，你需要去参加一个工作会议，而出于某种原因你很不愿意去开这个会。鉴于以往曾经和某个人有过不愉快的共事经历，你认为这又将是一次糟糕的经历。临近开会时，你发现自己在猜测对方可能会说的各种话，你越想越焦虑。等到会议开始时，你已经在想象可能出现的最坏结果，满怀敌意和沮丧地参加会议。尽管没有直接说出这种沮丧感，但它显露于你的面部表情、语气、体态和整体举止中。这种明显的激动情绪很可能会影响对方与你的互动，它可能会导致对方产生一些原本不会有的激动情绪。

人们有时会"无意中从社会环境中的其他人那里引起可预测的反应"，这种方式就是美国社会心理学家戴维·巴斯（David Buss）所说的"唤起"[36]，实际上是说，好胜的人容易激起他人的竞争情绪，易怒的人容易把他人惹火。他们接近别人时，预期对方会对他们无礼，因此他们先下手为强，从而无意中使得对方对他们也做出粗鲁的回应。

文献中一个更具体的与愤怒有关的概念是杰瑞·德芬巴赫所说的高估和低估。他写道："愤怒的人倾向于高估负面事件的可能性。"[37]实际上当我们编写愤怒认知量表时，试图为这种错误估计可能性的倾向编写条目。然而事实证明，这类想法与愤怒有着密切关系——也与特殊情境相关，几乎不可能写出相关条目。

我们所知道的是，当我们即将参与一项我们预计会不愉快的活动时，我们会高估它将变得糟糕的可能性。你去旅行，但你并没有对即将到达的目的地感到兴奋，而是花了一上午时间去设想有可能会在机场遭遇排长队的漫长等待以及旅行被延误。你为此感到生气，以至于到达目的地时，你非常确定这次旅行将会是令人沮丧的。即使接下来事情进行得相对顺利，但还是有两件事情已经发生了。一是不管怎样，你都生气了。二是当某些微不足道的小事情的确出现差错时，你会说"看，我就知道会出错"，你从这个视角来解释它们，同时你会因为一件小事而变得比平时更生气。

所有这一切都表明，有些时候我们无意中在其他人如何对待我们的问题上起了作用。这并不是说我们理应受到恶劣或不公正的对待，而是说我们对自己所处的社会环境有所影响，有时，无论我们有意还是无意做的事情，都会导致我们从他人那里得到恶劣或不公正的对待。当我们通过探索来理解自己的愤怒时，我们需要诚实地对待这一部分。

## 对于当前的情形，我的愤怒告诉了我什么

正如你现在所知道的，愤怒来自触发事件、我们在触发事件出现时的心情（预生气状态）和我们对该事件的解释或评价之间的相互作用。你可以用这个模型来描绘每一个愤怒事件。这种图表是非常有用的方法，可以更好地理解你所处的特定环境，以及为什么会有这种感觉。在上面那个我开车去参加会议时迟到的事例中，我就是这么做的。我思考了模型中的每一个元素，并尽可能诚实和不偏不倚地评价了正在发生的事情。

当我们做这种评价时，它可以帮助我们以不同的方式管理我们的愤怒（我们将在下一章里更充分地讨论这个问题），同时它也可以帮助我们更好地理解我们所处的环境、与我们互动的人，

以及我们希望得到的结果。通过评价我们为什么会有这样的感觉，我们能够更好地理解正在发生的事情，以及我们希望从中得到什么，从而走出困境。

与此同时，把责任从挑衅者身上移开，从而能够考虑更全面的情况，包括自身在此事中的角色。从表面上看，听起来好像这样会让事情变得更糟糕。人们可能会想，"通过更好地理解这个事件，我了解到自己应该承担部分责任。这难道不会让我感到内疚或难过吗？"虽然我可以理解这种想法是如何产生的，[①]但实际上，认识到生气时你所扮演的角色是非常有力量的，因为那是自己可以做出改变的部分情况。

让我们重温一下第二章中的那个例子，那位女士经常因为孩子学校的停车点排队问题感到恼火。你可能还记得，当她送孩子去学校时，她对于父母在停车点应该如何排队，有着强烈的意见。这些主要是因为她遵循自己的不成文规定，而不是学校要求家长必须遵守的。她认为这些是"常识"，但其他人显然不这么认为。当使用德芬巴赫模型来评价这一愤怒事件时，可以看到触发事件基本上没变化，但其他要素发生了变化。她的一部分愤怒来自她的预生气状态——她在上班的路上感到很匆忙。一部分愤怒

---

① 负罪感也有用处。就像愤怒提醒我们被冤枉一样，负罪感提醒我们错怪了别人。

来自她对其他人应该如何行动的评价（她可以认识到自己使用的行为标准与其他人不同）。

还有一部分愤怒来对当下这种延迟的结果倾向于过度灾难化。我让她估计一下，在一个较为典型的早晨，其他家长的行为会耽误她多长时间。她的回答是：在大多数日子里不到5分钟。虽然这让人感到沮丧，但绝非灾难性的。她可以看出，如果自己从灾难性想法中走出来，并且她不在气头上时，这件事几乎不值一提。最后，以这种方式评价事件意味着她将精力和想法从"其他人的行为很糟糕"调整为"这种情况令人沮丧但绝非灾难性的"。这种变化听起来好像微不足道，但其实不然。前一种评价基本上是无望的——我们无法改变他人的行为，后一种评价则提供了一些乐观的理由。

## 关于我自己，我的愤怒告诉了我什么

以这种方式评价我们的愤怒，可以揭示出很多关于我们所处的环境以及我们可能采取的改变措施。然而当我们深入研究这三个要素时，我们意识到这里还有更多内容。我们在各种情况下可能看到的模式，揭示了很多关于本质上我们是谁的信息。愤怒告诉我们的，不仅是事件本身具体的情况，还包括我们自身，我们是谁，以及我们在意的是什么。

让我们从比较容易评价的部分开始：预生气状态。对人们来说，寻找他们的愤怒和其他感觉状态（如疲劳、饥饿、压力）之间的关系趋势是很重要的。当你回顾过去几次生气的时候，想想自己生气前的状态，是否常常出现一些特别的情况或情绪？也许，当处于压力之下或感到焦虑之时，你往往会发脾气。也许，你在备感疲惫的时候容易大发雷霆。识别出这些触发自己愤怒的因素可以提供两个方面的帮助：一方面，它为防止发生不必要的愤怒提供了一个解决方案。我们将在下一章中更多地讨论这个问题，但如果你注意到自己在饥肠辘辘时容易发脾气，就尽量不要饿着自己。另一方面，即使你不能预防那些触发状态，在当下留意到它们的存在也能够帮助你应对那些不想要的愤怒。换句话说，对自己说"因为我太累了，所以一切感觉都很糟糕"，可以在很大程度上帮助你应对自己的情绪。

其中有一些可能看起来比较明显。当然，当人们处于饥饿或疲惫的状态下会更有可能发怒。这肯定会让那些真正的挑衅看上去更糟糕。但不是每个人都能意识到这一点，或者说不是每个人都能在当下意识到这一点。以诺伯特·施瓦茨（Norbert Schwarz）和杰拉德·克洛尔（Gerald Clore）1983年的经典研究为例[38]，93名受试者通过电话调查被问及"这些天你对自己的整体生活满意还是不满意"，受试者需要在1分到10分的范围内作答，10分代表最满意。

　　研究人员记录了电话受访者所处地点的天气情况，他们发现，人们在雨天时报告的生活满意度低于晴天时的水平。虽然这听起来并不令人惊讶（毕竟天气确实影响情绪），但请记住，他们问的不是他们当时的感觉，而是他们的整体生活满意度。这是不同的，当前的天气不应该影响我们对整体生活的满意度。在这个特定时刻的天气情况，虽然与我当前的心情有关，但应该与我对自己的整体生活的满意程度基本没有关系。似乎正在发生的情况是，天气影响了当前的情绪，而当前的情绪又影响了整体生活满意度。

　　不过，这是调查中特别有趣的部分。当研究人员通过询问"顺便问一下，那里的天气怎么样"来吸引第二组受试者对天气的注意时，这种影响就消失了。人们不再报告对自己生活的满意度降低。通过关注天气这个本来不相干的事情，他们就不再会让它以同样的方式影响自己。虽然这项研究主题与饥饿、睡眠不足和愤怒的主题不同，但我认为同样的事情也在这里发生。如果我们能意识到那些影响我们情绪的无关紧要的事情，它们对我们的影响就会减少。

　　然后，我们从预生气状态转移到触发事件和评价，我在第二章中写到了几个经常导致愤怒的不同情形，例如存在不公正、恶劣的待遇和目标受阻。虽然任何事情都可以成为引发愤怒的触发事件，包括记忆甚至想象中的事件，但最容易使人感到愤怒的特定的情况、人和行为因人而异。我们可以通过自我探询为什么特定的事情会激怒我们，从而加深对自己的了解。那么，如何看待我们对引发愤怒的某个人、某种情形或行为的评价带来的影响呢？

例如，想象一下，你是一个容易因为别人迟到而感到生气的人。认识到这种反复出现的生气模式后，下一步要做的是问自己为什么会因此而恼怒。为什么你对他人这种行为的诠释会给自己带来愤怒？当我问人们为什么会因他人的迟到而恼怒这个问题时——得到的回答是：

这是不尊重人的行为。

似乎他们认为自己的时间比我的更重要。

我很忙，不喜欢把原本可以用来做事的时间用来等人。

我可以准时，为什么他们不可以？

郑重声明，我认为所有这些解释都是相当合理的。它们可能有些不完整，因为守时问题往往是由组织和计划方面的缺陷以及其他原因引起的，但它们看上去似乎仍然是最合理的解释。然而这些对情形的评价背后是两个完全不同的问题，而每一个问题都反映出评价者看重的是什么。其中有一些回答涉及被不公正或恶劣对待的感受。当有人说"这是不尊重人的"或"他们认为自己的时间比我的更重要"或"我可以准时，为什么他们不可以？"，他们所表达的是，感到自己受到了不公正的对待或在某种程度上被轻视了。这种解释涉及自我和自尊的问题。

另外，当有人说"我很忙，我不喜欢等人"时，他们所关心的事是非常不同的。这是一个让他们感到目标受阻的问题。他们想尽己所能把事情做完，然而这个迟到的人正在给他们带来干扰。与上述局面相同，对方的行为相同，情绪也相同，但由不同的核心价值驱动所带出的评价会有所不同。

这一点非常重要，因为人格特质类型与愤怒的体验和表达有关。我们在前面讨论愤怒对身体健康带来的影响后果时，已经介绍了其中的一种——A型人格。尽管还有很多其他的人格类型，然而"大五人格"理论是开启此类讨论的最佳点之一。如果你还不熟悉大五人格特性，那么看看由保罗·科斯塔（Paul Costa）和罗伯特·麦克雷（Robert McCrae）确定的五个人格模式特性：开放性、责任心、外向性、宜人性和神经质。

大五人格和愤怒的有关研究表明了神经质、宜人性、外向性和愤怒之间的关系。例如，在前面提到的2017年的研究中，加西亚·桑乔及其同事也曾做过另外一份人格问卷，从中发现神经质和宜人性与愤怒高度相关。就宜人性而言，它是负相关的，也就是说如果你不合群，那么你很可能会感到习惯性愤怒。早在2014年，克里斯托弗·皮斯（Christopher Pease）和加里·刘易斯（Gary Lewis）探索了这之间的关联，并发现了一个类似的人格模式。

当你在评价这些情形时，可以想想自己应对愤怒的反应模式是怎样的，从中得知你的人格特性。例如，从你的反应里是否可以得知你有喜怒无常、紧张或担心（神经质）的倾向？它是否体现了你不够善良、不愿赋予同情心或帮助他人（宜人性）的一面？在上面的例子中，其中一个解释"我很忙，不喜欢等人"——可能反映了更多的A型人格，而其他的解释则可能更多地反映了宜人性的缺失。

再举一个例子，想象一下你正在浏览喜爱的社交媒体网站，看到有人发表了与自己大相径庭的观点。人们常常因此而感到愤怒，但很少有人停下来思考为什么他们会为此而生气。众所周知，很多人持有与我们不同的观点，但是为什么目睹这些会让我们感到愤怒呢？因为对某些人来说，这是一个目标受阻的问题。他们希望生活在一个特定类型的社区里，周围的人都以同样的方式处理问题。当他们遇到持不同意见者时，他们会将其视为其实现目标的障碍。他们认为，"如果有这样的人存在，我们就永远无法在问题的解决上取得进展"，于是他们变得愤怒。

不过，我曾经和一个朋友谈起过这个问题，她提出了不同的观点。"这让我觉得他们认为我很笨。"她告诉我。

"为什么？"我问。

"因为我认为他们很笨。"她笑着回答。

　　但随后她解释说，她觉得这些问题是如此明显所以想不通他们怎么会看不到这一点。她表示最终感到受伤是因为他们似乎不重视她的意见或观点。当她提出自认为很好的论点而他们依然坚持己见时，她觉得对方一定认为她很愚蠢。她希望他们能理解她的立场，以及她这么想的原因。最终目的是赢得争论，让对方站在她的这一边。当对方没有这样做的时候，她感到很受伤，并且很生气。她说："我是对的，他们没有看到这一点，这让我很难过。"对她来说，在某种程度上这是一个目标受阻的问题，但它更是一个自我价值的问题。

　　在这两个例子中，对愤怒起反应本身并没有错。愤怒可能是对这些挑衅的完全合理的反应。这种情形之下，解开愤怒来自哪里的谜底，似乎更有意思。你一旦对这些思维模式有了更好的认识，你便开始能够更好地了解自己，了解对你来说什么是重要的。

### ◗ 练习：深入研究核心信念

　　经由以下四个步骤的练习，可以更好地理解自己所持有的导致自己愤怒的价值观和核心信念。

（1）识别出几种容易惹你生气的不同的情形。虽然我们的目标是认出这些情形的所属模式，但列举出一些令你生气的具体事例可能会有所帮助，然后问问自己这种情形是否存在某种固定模式或倾向。例如我可能会说："我刚才生气了，因为孩子们在吵闹，而不是像我告诉他们的那样在房间里玩耍。"① 然后，我会在心里问自己，这是否是一个与行为一致有关的模式②。

（2）识别出与这些情况最相关的评价或解释。从本书中讨论的那五种类型开始可能会有帮助：灾难化、贴挑衅性负面标签、过度苛责、错误归因和过分概括化。当然，也可能还有其他的。

（3）试着深入了解一下，问问自己这种评价倾向反映出自己是怎样的一个人，以及有着怎样的人格特性。例如，如果发现自己倾向于灾难化思维，这是否反映出更多的悲观主义，或者神经质的人格特质？如果看到自己经常给人贴上负面标签，这是否反映出你更具有总体上轻视他人的态度？

---

① 这确实是已发生的事情。
② 是的，没错。

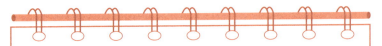

（4）将来当你在描绘愤怒事件时，要考虑到制订计划，向前推进，做好准备问自己："现在是我的悲观倾向在驱动着愤怒吗？""这是我思维封闭的结果吗？"

## 全貌的一角

当然，尽管了解我们的愤怒和我们自己，是这个过程的一个重要部分，但这只是全貌的一角。为了与我们的愤怒情绪保有一个健康的关系，我们必须知道如何管理它。我们必须从个人习惯、行为模式和想法层面来落实个人练习从而使我们能够应对愤怒。

愤怒管理 | 第十章

为什么我们

会生气

Why We Get Mad:

How to Use Your Anger for Positive Change

## 公益广告

小时候每逢周六早晨，在动画片播放期间都会插播一个公益广告，内容类似于："当你感到紧张的时候，请你停下来……二……三……呼吸……二……三。用自己的方式去感受。"听起来可能非常老套，但确实有效果，因为在三十多年后的今天，我仍然对此记忆犹新。之所以在这儿提起它是因为对于大多数人来说，他们眼里的愤怒管理就是这个样子。当你发现自己生气时，你会试图保持情绪稳定，并通过深呼吸来摆脱愤怒。除了不够全面之外，这么做没什么问题。愤怒管理确实包括在生气的时候进行深呼吸，不过除此之外还有更多的内容，远不止这些。

在第二章中，我们谈到了如何通过将愤怒事件制成图表来更好地了解我们的愤怒和我们自己。此外，进行此类练习的原因还有另一个，那就是一旦知道自己为什么会生气，就可以在这个模型中的任何地方对其进行干预，从而更有效地处理我们的愤怒情绪。其中包括通过深呼吸或视觉化想象来进行放松，以及一些其他的练习。有些练习是在愤怒发生的当下可以做的，也有一些更具宏观性，通过调整你的日常活动来减少愤怒。

## 想象以下情况

让我们运用自己的想象力，来想象下面这个假设的例子。你正在上班的路上开着车，这是一个非常重要的日子，你有几个重要会议要参加，其中有的会议需要你赶到办公室后再花额外的时间来准备。你想早一点到办公室，所以你没吃早餐。路上的车似乎比平时多了一些，你开始焦躁不安。遇到的红灯好像也比平时多，通勤时间比预期的更长。你开始变得烦躁，因为你试图让所有的事情都运行无误。那天非常重要，因此，你早早出门以便能够提前到公司处理一些事情，但是由于路况的异常，你到公司的时间将和平时差不多。你对自己说："我本来可以吃点东西的，可是我没有，现在我肚子很饿，而且我可能完不成工作任务了。"

快到办公楼时，你被堵在另一辆车后面，前面车上的司机显然不认识路。他的车速相当慢，而且每次开到路口时都会放慢速度，很可能是为了看清楚路标，来确定这是不是他应该转弯的地方。"那个白痴在干什么？"你在心里暗骂。因为无法安全地超过他，所以只能被困在后面。你闪着大灯，按着喇叭，想让他知道他挡了道，但你甚至无法判断对方有没有注意到自己。照这个样子根本无法按平时的时间到达公司，而且还有可能会迟到。这时一想到那些繁忙的工作安排，你开始抓狂。你跟自己念叨说：

"这将是很糟糕的一天，有这么多事情等着我，但我现在什么都做不了。天啊，为什么这样的事情总是发生在我身上？"

## 绘制事件示意图

现在，让我们用咱们一直在使用的图解愤怒模型来分析该事件的每一部分，从触发事件开始：上班的路上被迫放慢速度。这是一个典型的目标受阻的例子。你有一个特定的目标，就是要早一点去上班，但该目标受到了阻碍。有趣的是，阻碍它的不是某一个人或某一件事，而是多种因素的组合（堵车、红灯、另一位司机）。当然，这是在引起愤怒的两种不同的感觉状态（也就是预生气状态）背景下发生的：饥饿和压力。那天是个重要的日子，你为此感到紧张，因此你省略了早餐，想给自己多一点时间去准备——但结果似乎适得其反。

说到评价，我们可以在这里识别出几种不同类型的想法，包括一些灾难性的想法（"今天会很糟糕"），贴挑衅性负面标签（"这个白痴在做什么"），以及过分概括化（"为什么这样的事情总是发生在我身上？"）。你还可以看到一些关于这一天将如何发展的假设（"我将完不成工作""有这么多事情等着我，但我什么也做不了"）。最终这些预测有可能是准确的，也可能不是，然而，在这一切发生之前你已经开始为之愤怒了。综上所述，无论预生气状态如何或对触发事件有着怎样的评价，虽然这种目标受阻的情况对任何人来说都可能会感到沮丧，但是在这个例子中，有些微妙的解释，放大了你的愤怒。

## 管理预生气状态

我在之前的章节中提到过这一点，有一些方法可以帮助我们管理预生气状态，从而减少不必要的愤怒。如果仔细思考哪些情况最有可能加剧愤怒，我们会得出如下列表：

（1）紧张或担心。

（2）迟到。

（3）饥饿。

（4）困倦。

（5）身体不舒服。

虽然有时会很困难，但要缓解这些不同的预生气状态绝非不可能。即便不是每个人都能做到，但我们中的大部分人都能够确保自己免于饥饿或不迟到。我们可以采取措施，处理可能导致我们生气的不必要的压力或焦虑，改善我们的睡眠，从而让自己不会因为困倦而变得暴躁。

在上面的例子中，想象一下，如果换种方式，可能会得到一个完全不同的一天。假设知道第二天是一个繁忙的工作日，你会早点睡觉，早点起床，吃一顿健康的早餐。你可能需要应付完全相同的外部情况（相同的诱因），但在吃饱喝足、休息好的情况下，你的心情很有可能大不相同。请注意，吃过早餐这件事可能会很微妙地改变你对事情的评价。你会说"我将完不成工作"，而不是"我肚子很饿，而且我将完不成工作"。听起来这两者之间似乎没有太大差别，但是别忘了，有些时候愤怒是一件件小事堆加起来的结果，去掉其中任何一件小事都可能会减少愤怒。

## 管理触发事件

我的一个朋友经常喜欢阅读并回复在线新闻底部的评论。有时他甚至会花几个小时的时间与观点不同的陌生人争论，一边争论一边生气。后来他给我打电话，抱怨人们写给他的东西或者回复的内容。在他与我讨论时又会大发雷霆。有一次我问他："如果这些东西让你如此生气，你为什么还要读？"

他笑着说："我也不知道啊。我跟自己说，我这是在试图改变大家的想法，但我也知道这基本上是徒劳的。"

事先声明，我并不是在建议他或任何人要远离那些让自己生气或者不舒服的谈话，绝非如此。举这个例子只是想说明，我们对自己与谁互动以及如何与他们互动做出了选择，这些选择会影响我们的感受。在某种程度上，我们可以选择我们要经历的挑衅。如果阅读陌生人的评论让我们生气，而我们不想生气，那么我们可以选择不去看那些评论。

如果我们把愤怒与另一种感觉状态（如恐惧）相比较，就能更容易意识到我们自愿陷在惹我们生气的事情中是多么奇怪。大约十年前，我决定不再看恐怖电影了，即使当时很喜欢看，但我不喜欢它们在事后给我带来的那种感觉。我经历了太多个因为看恐怖电影而导致的不眠之夜，认为它们对我没有好处。这里需要注意的是，如果我听说有一部恐怖电影真的很精彩或很有名，我一定会特意去看。因为我认为，在某些情况下，为了看一部有名且制作精良的电影，感到害怕也是值得的。

詹姆斯·格罗斯（James Gross）在他2002年关于情绪调节的文章中把这描述为"情境选择" [39]。情境选择是"为了调节情绪而去接近或远离某些人、地方或事物"。他举例说，在一次大考前的晚上，他选择去朋友家而没有去学习，选择了让自己快活放松，而不是让自己焦虑的活动。就生气而言，请假设你有一个看着不顺眼的同事。这个人经常惹你生气。现在该同事邀请你参加一个工作聚会，你可以自行决定是否要去。如果你认定它是一个潜在的挑衅，你可以选择不参加。

但是如果这个聚会你不得不去呢？如果不去参加会影响你的职业生涯，或者说你的缺席对你的领导或其他同事来说有点太明显了怎么办？你也可以改变自己与这类情况的互动方式（格罗斯称为"情况调整")。比如带一个朋友或伙伴一起去参加活动，在你和那位同事之间起到缓冲作用。你可以把自己的感受告诉那位值得信任的同事，并请求他在你与那位"烦人"的同事一对一谈话时"拯救"你。

在前面的例子中，重要的日子里上班迟到，要想确定如何避免这个触发事件就有点困难了。有些挑衅一触即发，防不胜防。然而，即使在那些相对意外的情况下，比如堵车，我们也可以找到一些方法来应对。我的一位来访者重新安排了她的工作日程，每天都在公司待到晚一点再离开，这就可以避开交通高峰期。另一位来访者尝试了不同的路线去上班。他说通勤时间差不多，虽然另一条路和原来相比距离远一些，但是那条路上很少堵车，一路上可以心平气和地驾驶，因此是值得的。

当然，我们也可以提出疑问，这种根据愤怒触发信号进行回避的做法是否健康？回避那些惹我们生气的事情对我们有好处吗？例如在类似恐惧这样的状态下，回避是导致众多心理疾病，比如恐惧症和强迫症等发展的原因，而且会加剧其他心理疾病，比如创伤后应激障碍。它对愤怒是否也有类似的影响？学会应对那些令我们愤怒的事情，而不是回避它们，岂不是更好吗？

回答上述问题比我预想的要复杂得多。当涉及愤怒时，回避是比较棘手的行为类型之一。埃里克·达伦和我在2007年做了一项研究，当时我们给人们做了各种与愤怒有关的问卷调查[40]，其中一个是行为愤怒反应问卷[41]，它是由一个研究小组开发的，用来测量六种不同的愤怒表达方式。其中之一是回避，包括试图忘记愤怒的事件或想办法转移自己对愤怒事件的注意力。

我们发现，回避与一个人的愤怒倾向呈负相关，因此人们越是积极地试图回避愤怒的事件或记忆，他们的愤怒就越少。回避也与健康的愤怒表达方式相关，如深呼吸、寻求社会支持，以及通过听音乐或写诗来化解愤怒。然而，它也与压抑愤怒相关，众所周知，压抑愤怒是一种消极的愤怒表达方式，会导致健康受损以及影响人际关系，如引发心血管疾病，导致和朋友、家人、同事关系的疏离。我们很可能都有过这样的朋友，在大家都知道情况不妙的情况下，他还是会说"没关系"，这种试图压制情绪的行为会让人感到恼火。

在这项研究中，回避从本质上来说是好还是坏，取决于我们将什么与之相比较。虽然无法确定，但这很可能说明了回避行为的复杂性，以及回避行为的性质可以根据所在背景情况的不同而不同。其好坏取决于你所处的特定环境以及你想要回避什么。那么你是如何得知这是好的回避类型还是坏的回避类型呢？可以说这由权衡短期和长期的利益和后果来决定。

回顾我那个朋友的例子，他经常花好几个小时的时间在网上和他人争辩，让我们考虑一下避免这种行为的短期和长期后果。老实说，在这种情况下，我觉得停止这种行为并没有任何现实的意义，无论是从短期还是长期来看。也许你可能会争辩说，让他学会在不生气的情况下表达和他人不同的观点可能对他有好处，但这其实很牵强。对于其中某些分歧，他生气是完全合理的。我们更应该思考的是，他是否需要像以前那样经常把这些分歧带入自己的生活。

不过回到我们开始时举的那个开车上班的例子，情况就变得有点复杂了。归根结底，堵车是我们可能会经常遇到的，还有其他各种类似的经历，比如排长队和其他各种延误和目标受阻的情况。对你来说，学会应对这种生活中可能会经常发生的状况比每天都回避它更好。也许最健康的方法是，在那些我们觉得自己没有能力处理这些情绪的日子回避它，但在那些我们觉得想要学习应对挫折的日子里努力接受它。就像运动一样，有些日子我们想全力以赴，有些日子我们则需要休息。

## 管理评价

我们为管理愤怒所做的大部分工作发生在"我们为什么会生气"模型中的第三部分：评价过程，对此我们在第二章有过讨论。对触发事件的解释是在特定情况下导致我们生气的最主要原因。在上面的例子中，我们看到可以灾难化想法、贴挑衅性负面标签、过分概括化及其他想法。但是，如果当时我们对事情的评价有所不同，会带来什么样的变化呢？如果你对自己说"在如此重要的日子里，这的确很令人沮丧，但我有能力解决它"；如果你利用在车上的那段时间，思考解决方案的可能性，应对迟到可能造成的损失而不是把它灾难化呢？虽然在当时很难识别它们，但是对一个事件的诠释可以是多种多样的，而且大部分诠释都不会导致愤怒。

这里我们来快速回忆一下与愤怒最相关的五种想法类型。

过分概括化：用过于宽泛的方式来描述事件（"这总是发生在我身上"）。

过度苛求：期望别人把他们的需求放在一边，来满足我们的需求（"那个人应该停下手头的正在做的事情来帮助我"）。

错误归因：指责或错误地解释因果关系（"他们故意这样做只是为了惹恼我"）。

灾难化：夸大其词（"这将毁掉我的一整天"）。

贴挑衅性负面标签：以高度负面的方式给人或事贴标签（"那家伙是个十足的白痴"）。

当然，有时还有一些其他情况。比如自责，自责可能与自己生自己的气有关。我们可能会自以为是地解读别人的想法（"他一定认为我是个白痴"），或将事件个人化（"为什么会发生在我身上？"），这些都有可能导致愤怒。不过那五个是最重要的，是人们在生气时最常有的想法。

我们可以通过两个重要的步骤来管理这些想法。第一，我们必须及时识别它们。第二，考虑一些替代方案。说实话，对人们来说，学会在念头产生的当下识别它们可能是最困难的部分。不仅仅是在人们生气的时候，即便在平时，正确识别自己的想法也不容易。我们首先要有意愿在愤怒的那一刻觉察自己的想法，同时在怒气过去后予以反思。

这里有几种不同的方法可以帮助你做到这一点。一种是评价过去的愤怒事件。回想一下你过去曾经有过的一次非常愤怒的经历，并回答以下相关问题。

（1）触发事件是什么？

（2）以1到10的分数来衡量，当时你的愤怒达到哪个分值？

（3）当时你的想法是什么？列出你能记得的所有想法。试着想一想，先不要考虑它是什么类型，甚至不要考虑它是否正确。只是不加评判地把当时的想法列出来。

当你完成以上步骤后，请分别对当时的每一个想法进行反思：回过头来看，它们是否能够准确和真实地解释当时的情况？其中是否有与我上面描述的五种类型一致的？你在多大程度上质疑自己应对这种情况的能力？

使用情绪日志是一个更正规的方法。情绪日志就像它的名字一样，是用来记录情绪的日志，你可以用它记录下事发当时你的各种想法、情绪和行为。治疗师们经常用它来帮助情绪紊乱的来访者了解自己的想法和情绪之间的关系，但情绪日志并非只能适用于可诊断的精神健康问题。任何想在日常生活中拥有健康情绪的人都可以使用这个方法。

情绪日志也可以用来记录你希望追踪的任何变量，有些情绪日志可能用来记录那些替代想法或者由这些想法引起的行为，这取决于你记录的目标是什么。现在让我们使用一个五栏情绪日志：情境、情绪、强度、初级评价（有关触发事件或想法）和次级评价（有关应对情况能力的想法）。我把上面的例子填在一行里。见表10-1。

表10-1　五栏情绪日志

| 情境 | 情绪 | 强度 (1—10) | 初级评价 | 次级评价 |
|------|------|------|------|------|
| 意外堵车导致迟到 | 生气，同时也有些担心 | 生气：8 担心：7 | 那个白痴在做什么为什么这种事情总发生在我身上 | 真是糟糕的一天。我有那么多工作，可是我现在什么也做不了 |

情绪日志最大的好处是可以根据你的优先级来调整记录。比如，如果想更多地关注预生气的状态，那么你可以增加一栏，用于记录相关内容。如果想从愤怒中找寻能够反映自己性格的东西，从中了解自己的个性，那么你可以增加一栏用来记录从中反思的那些能推动你做出回应的性格特征（如不耐烦或者顽固不化）。情绪日志是一个很好的工具，可以帮助人们更好地了解自己的情绪并加以管理。

情绪日志中经常包括的内容是替代性想法。在你能够确定自己有不合理或者不现实，并且导致愤怒程度加剧的想法的时候（请记住，有时候愤怒根本没有什么不合理或不现实的地方），接下来要做的是探索一些更合理的替代想法。比如，针对上面例子的一些替代想法可能是"这真令人沮丧，我不喜欢这样的事情发生在我身上"或"我会比预计的晚到十分钟，我自己需要做些调整"。

这两种说法的价值在于它们是准确和现实的。它们不是为了试图将情况的实际后果最小化而做出的不诚实的解释。你并没有说"一切都会好的"，因为它们可能不会好。你也没有说"这没什么大不了的"，因为这可能确实是一个大麻烦。你是在接纳所处现实情况的基础上做出了真实和合理的诠释，而该诠释会带来一个稍微不同的情绪结果。

人们在面对看似消极的事件时，有各种不同的评价方法，其中有些可能会带来更健康的情绪结果。2001年，三位心理学家开发了认知情绪调节问卷[42]，以测量人们在经历负面事件时的不同想法类型。其中一些我们已经讨论过了。像许多调查一样，该问卷测量了苛责他人、自责、思维反刍和灾难化。这个调查的有趣之处在于，它也测量一些通常与更积极的情绪体验相关的想法。具体来说，包括接纳、积极关注、积极地重新评价、洞察和重新关注计划。

接纳是指尝试将这种情境作为我们无法改变的事情来容忍。

积极关注是指我们尝试思考更多过去的积极经验，借此把自己从当前的情境中抽离出来，专注于其他不那么令人不安的经历。积极地重新评价是指我们尝试以更积极的方式重新解释同一事件。洞察即当我们尝试把问题看清楚的时候，我们在更广阔的脉络上对其进行反思，通过把它与其他负面经历相比较，来弱化其所带来的灾难性程度。重新关注计划是指我们思考需要做些什么来解决我们所面临的问题或处理我们所处的情况。

2005年，为了探索想法和愤怒的关系，我们做了一项认知情绪调节问卷的研究[43]。有近400名参与者参加了认知情绪调节问卷和与之相关的愤怒、压力、焦虑和抑郁的测量。我们想从中确定这九种想法类型中在减少愤怒方面的作用，哪些是最可能导致问题的，哪些在减少愤怒方面是更适宜（有适应性）的。总体来说，结果正如你所预料的那样，苛责他人、自责、灾难化和思维反刍都与愤怒相关。有这些想法的人更容易经常生气，并以不健康的方式表达这种愤怒。

然而，对于其他那些被认为更具适应性的想法，事情就不那么简单了。那些重新专注于计划、思考更积极的事情或努力洞察的人不一定比其他人更少生气，但他们在生气时用于表达愤怒的方式确实更健康。①如果我们从这项研究中选出最好的积极想法

---

① 这些人也不太可能变得抑郁、焦虑或紧张，所以这种积极想法的好处远远超出了愤怒。

类型，那就是正向再评价，我们能够以更积极的方式重新看问题。这种想法类型可以带来更少的愤怒，以及更健康的愤怒表达方式。

这些替代性想法是关于初级（关于触发事件或想法）和次级评价（关于你应对情境能力的想法）的。当你以积极的态度重新评价一个消极情境的时候，你既改变了对该挑衅的评价，又重新思考了应对这一消极事件所需要的能力——这一点非常重要，因为次级评价，或者说你认为自己能够多好地应对一个消极事件，对控制愤怒至关重要。在前面描述的关于开车上班的例子中，大部分的愤怒源于你认为自己缺乏应对延误的能力。当你说"今天会很糟糕"时，你真正在说的是自己没办法解决这个问题。

我们如何才能将评价从无助感转变为赋能感？这就是"重新专注计划"这一类的想法特别有价值的地方。当人们从灾难化（"这将毁掉我的一天"）转变为对计划的关注（"这很令人沮丧，那么我如何解决它呢？"）时，他们不再认为自己是该情境的被动参与者，而是成为一个实际上有能力根据境况做出调整和适应的人。

### ■● 练习：重新思考愤怒的想法

这个活动旨在帮助你用没那么愤怒且现实的方式重新思考自己的愤怒想法。目的不是欺骗自己从而减少愤怒（不是要从"这很糟糕"转变为"这没什么大不了的"），而是尝试去找出更积极和更有力量的微妙转变。

（1）列出你在生气时的想法。

（2）尽你所能，找出它所属的类型（如灾难化或贴挑衅性负面标签）。

（3）找出一个准确但不那么愤怒的替代想法。我在下面提供了一些例子（见表10-2）。

表10-2　愤怒时的替代想法

| 生气时的想法 | 想法类型 | 替代想法 |
| --- | --- | --- |
| 他总是这么做 | 过分概括化 | 他比我想象中的要更经常这么做 |
| 一切都完蛋了 | 灾难化 | 坏事了，我们需要想办法如何补救 |
| 为什么他们就是弄不对 | 错误归因<br>贴挑衅性负面标签 | 这个人持续挣扎于其中，我们要想办法帮助他 |

## 超越接纳

有一种据称是"积极"的想法类型，似乎对愤怒没有太大影响。人们经常被告知要接纳那些自己无法改变的事情。然而，这种接纳的尝试不仅减轻不了你的愤怒情绪，反而可能带来抑郁和压力。当你试图简单地接纳一个消极的情况而不去改变它时，当你说"我只会容忍这种消极的体验，因为我对它无能为力"时，这不仅无法减轻你的愤怒情绪，还会导致额外的压力和悲伤。这一发现表明了有关愤怒的一些非常重要的东西：心生愤怒却对它无能为力对我们没有好处。我们需要找到方法将其用于积极的改变。

# 使用愤怒 | 第十一章

## 愤怒的诊断

至此，我已经概述了习惯性愤怒或者控制不住的愤怒可能导致的一系列麻烦。从暴力问题、身心健康问题到人际关系困境，愤怒可能给那些管不住自己脾气的个体以及他们身边的人带来灾难性后果。然而尽管存在这些潜在的问题，愤怒并没有像其他适应不良的情绪那样被认为是一种心理疾病。抑郁症反映了适应不良的悲伤，焦虑症反映了适应不良的恐惧，然而在《精神疾病诊断与统计手册》（第五版）或任何过去的老版本中，都没有把适应不良的愤怒列为一种病症。

坦白说，这是一个让我无法理解的奇怪的遗漏。长期以来，美国精神病学协会一直因为把相对常规的人类体验进行过度病理学化而饱受批评，所以我很好奇为什么他们没有把愤怒列为一种疾病，完全低估了愤怒的危害。当然他们并非完全忽略了愤怒。在《精神疾病诊断与统计手册》（第五版）的好几个地方，愤怒或易怒被列为某些疾病的一个症状。例如，愤怒被描述为边缘型人格障碍、创伤后应激障碍和经前焦虑症的症状之一。

更有意思的是，愤怒经常被列为抑郁症的症状之一。易怒被列为重度抑郁症和持续性抑郁症的症状，而且它只是针对儿童和青少年时期来说的症状。在《精神疾病诊断与统计手册》（第五版）中，有一种全新类型的抑郁症，叫作破坏性情绪失调障碍，与愤怒障碍最为接近。它包括易激惹<sup>①</sup>、言语的怒骂以及身体攻击行为。不过，破坏性情绪失调障碍作为抑郁症的一种，只有首次发病在18岁之前的患者才会被下该诊断。似乎《精神疾病诊断与统计手册》（第五版）的作者认为，愤怒在被认作抑郁症的一种症状时，只存在于青少年和儿童群体中。

　　归根结底，愤怒与《精神疾病诊断与统计手册》（第五版）中其他那些以情绪为基础的疾病很相似。我们知道，大多数情况下感到悲伤是正常的，但如果过于严重或持续时间过长（如重度抑郁症），就会成为病态。同样，恐惧在大多数情况下是一种健康的情绪，但当我们不合理地害怕某种特定的物体或环境时，就会成为病态（如特定恐惧症和社会焦虑症）。那么，为什么我们不愿意把愤怒一视同仁呢？也就是说，将愤怒视为一种健康的情绪，但是在长期持续、过于严重或经常表达不畅的情况下，会成为病态。

## 愤怒调节障碍

　　愤怒在《精神疾病诊断与统计手册》（第五版）中的相对缺

---

① 激惹是一种反应过度状态，包括烦恼、急躁或愤怒。——编者注

席并不是因为相关研究人员不努力。目前至少有四种不同的与愤怒相关的疾病已经被列为潜在的诊断标准。对我来说，其中最有趣的是愤怒调节障碍，因为它是间歇性暴发性障碍的替代品，后者在《精神疾病诊断与统计手册》（第五版）中已经存在。第五章提到的间歇性暴发性障碍是一种冲动控制障碍，患者无法抑制对他人进行言语或肢体攻击的冲动。虽然有理由认为这些攻击性发作的背后有愤怒的存在，但如你所知，即使我们将间歇性暴发性障碍视为一种愤怒障碍，它仍然是对愤怒表达方式的一个非常狭隘的看法。在间歇性暴发性障碍的诊断标准中，没有任何内容与非攻击性但仍然存在问题的愤怒表达方式有关。

迪·吉瑟普（Di Giuseppe）和塔弗雷特（Tafrate）为愤怒调节障碍编写了诊断标准[44]，其中包括间歇性暴发性障碍的症状，同时也包括目前在间歇性暴发性障碍中未涉及的愤怒表达相关的问题。例如，除了言语攻击和肢体侵犯，愤怒调节障碍还包括更多间接或被动的攻击形式（如讽刺、暗中破坏、散布谣言）。作者还认识到，不需要非得等到某种特定类型的爆发，愤怒就可以对我们造成困扰。该标准包括两类症状：愤怒情绪；攻击性或表达性行为。第一类是针对那些反复出现的愤怒经验，尽管它们不具攻击性，但会导致各种负面后果（例如思维反刍、无效沟通和回避）。第二类症状是与愤怒相关的攻击性或表达性行为。这一组包括间歇性暴发性障碍的症状（如肢体侵犯）以及某些形式的被动攻击（扰乱或消极影响他人的社会网络）[①]。有的人可能同时符合这两类症状，因此基于患者的症状，该标准包括三个不同的亚型。

我想指出的是，与《精神疾病诊断与统计手册》（第五版）中的几乎所有疾病一样，只有当"有证据表明，由于愤怒发作或表达方式而经常损害社会或职场关系"时，患者才会被诊断患有这种疾病。换句话说，除非愤怒总是造成明确且一致的问题模式，否则不会被诊断患有这一疾病。同样，就像悲伤和恐惧一样，这里的意思不是自动将愤怒病理化，而是承认它有可能会成为一个问题。

有关这个标准，我们需要注意两点。

第一，它谈到了"我们为什么会愤怒"模型的新内容，对此我们还没有谈得那么多：愤怒的感觉（实际的感觉状态）和愤怒的表达（生气时我们如何表达愤怒）。这个拟诊断在很大程度上反映了愤怒的感觉本身和这些感觉的表达方式。它与触发事件、预生气状态或评价过程没有任何关系。

---

[①] 愤怒调节障碍的标准证明，科学家可以通过行话使任何事情听起来更复杂。散布谣言变成了"消极影响他人的社交网络"，粗话变成了"厌恶性言语"，对别人竖起手指变成了"消极的手势"（一种特殊的"挑衅性身体表达"）。

第二，它承认了愤怒表达方式的重要性，这一点我认为极为重要。只有当进入一个不恰当的表达方式的模式时，愤怒才会成为一个问题。如果我们以健康的方式管理和使用它，愤怒可以成为我们生活中的强大力量。那么，我们该怎么做呢？这里有一些方法。

## 将愤怒视为燃料

在第三章中，我们谈到了杏仁核在生气的状态下如何启动一连串的生理反应。肾上腺素飙升，心率加快，肌肉绷紧，呼吸加速，身体做好了战斗的准备。我们可以把愤怒视为燃料，实实在在地在为我们提供必要的能量和力量，从而使我们有能力做出改变，解决问题。有时候或许只是个小毛病。水龙头持续漏水几个月了，某天出于各种原因（触发事件、预生气状态、评价过程），你受够了，因此放下手头的一切事情去修理水龙头。

有时候也可能是个大麻烦。你目睹了一个不公正现象，完全无法忍受。这是一个毁灭性的大灾难。比如读到一篇关于气候破坏的文章，或者看到一段警察施暴的视频，或者了解到一个关于性骚扰或网络欺凌的新情况，你对现状备感愤怒。你被激怒了，动力满满，想要去做些什么来改变现状。踊跃捐款、参加抗议活动、给当地新闻媒体写信或者做一些更重要的事情。这时愤怒成为激励你的火花，让你致力于做出改变。愤怒在告知你事情出了错的同时，也激励你去做出行动来纠正这些错误。

不过，同任何燃料一样，你在使用愤怒的时候需要非常小心。首先，燃料是不稳定的，愤怒也是。如果不够小心，极有可能发生你不想看到的"大爆炸"。其次，燃料总有烧完的那一天，如果不加油，油箱就会空空如也。有一些方法可以解决这两个潜在的问题。

## 控制你的愤怒

即使愤怒是合理的，我们也需要找到控制它的方法，以防愤怒情绪被全面激发出来。在上一章中，我们谈到了通过管理触发事件、预生气状态和评价过程来管理愤怒。但是假设我们的判断是正确的呢？当我们在受到指责时，当我们只是要求被公正对待而非搞特殊化时，或者当我们遇到大灾难时，应该如何管理我们的愤怒？

只有当你认为自己有可能因此做出不负责任的事情的时候，我们才需要控制我们的愤怒情绪。正如我前面谈到的，有些时候愤怒可能会给我们带来干扰，导致我们无法理性地思考。只有在平静的时候我们才能够有效地解决问题。放松是处理愤怒的最好方法之一，它对愤怒的作用与它对焦虑的作用相同。愤怒和放松是两种水火不容的情绪状态，这意味着你不能同时感受到它们。就像不能同时感到放松和害怕一样，你无法同时感到放松又感到愤怒。

当你感到愤怒时，可以尝试使用一些放松技巧，它们大多包含深呼吸和转移注意力。在深呼吸方面，可以使用快速的"三角式呼吸法"（吸气3秒，保持3秒，呼气3秒），也可以找到一个远离人群的舒适位置，进行一些简短的深呼吸练习。此类方法很多，如何选择取决于你的需求（你愤怒的程度）以及你当时能做些什么（你是否能抽身离开）。比如有的时候，虽然没那么生气但你还是想控制它，那么你可以快速地把头向后仰，深吸气，呼气，这足以帮助你释放愤怒并再次集中注意力。然而，也有那么一些时候，你需要远离人群，找一个安静的地方做5分钟到10分钟的深呼吸以调整状态。

深呼吸的另一种形式也包括渐进式肌肉放松法，也就是按一定顺序绷紧或松弛不同部位的肌肉。比如，试着现在就花点时间，双手握拳，保持3秒钟，然后放开它。你可能会注意到，当你放松的时候，一种强烈的松弛感充盈了你的手掌和手指。我的一位大学心理学教授把这比喻为钟摆来回摆动，从紧张到松弛，这个比喻对我很有帮助。渐进式肌肉放松法可能有不同的操作程序，但通常人们会先躺下，做几次深呼吸，然后绷紧脚上的肌肉3秒到5秒，再放松肌肉3秒到5秒。然后相同的动作向上移动到小腿、大腿，以及整个身体的其他部位，包括额头和下巴。

在分散注意力方面，人们经常会将引导性的视觉化技巧融入他们的深呼吸。视觉化是指运用想象力，把自己从愤怒的场景中带到一个更放松的地方。他们可能会设想一个让自己感觉舒畅的特定的环境或活动中（通常是自然界中的某个地方，如海滩或森林）。①对有些人来说，这意味着躺在沙滩上，沐浴在阳光里，耳边是冲刷沙滩的涛声。对其他人来说，这可能意味着在森林里散步。具体要看各人的喜好和技巧。如果你有良好的想象力，可以把自己带到任何地方，无论你以前是否去过那里。有些人可能需要想象一个以前去过的地方，或者是令他们觉得特别放松的某一天。还有一些人可能会通过音频引导的视觉化，由叙述者带领他们进入一个轻松的场景。

## 根据自己的情况加注燃料

愤怒像燃料的另一面是，有时我们会在最需要它的时候却发现它已经耗尽。就你关心的社会问题思考一下。由于我们日复一日地听到这些问题，因此很难保持有意义的愤怒。这方面的流行术语是"愤怒倦怠"。人们对自己关心的问题感到疲惫，因为他

---

① 关于自然和放松的研究特别吸引人。与情绪进化观点有关，许多学者认为我们的进化史表明，我们会被大自然所治愈。

们被各种糟糕的信息淹没。愤怒倦怠会导致无助（"情况永远也不会好转"）以及疲惫感（"我不能再这样下去了"），这对人们来说是一种伤害。我经常听说有人选择远离任何形式的公民参与，甚至包括关注新闻，因为他们感到太悲伤或愤怒。

同时，愤怒倦怠可能带来心理学家所说的"习惯化"。习惯化是指我们适应了某种刺激，并且不再对其做出反应。想象一下，你的办公室外面持续几天都在施工。起初，敲打的声音可能让你感到厌烦，但过了几天之后你就习惯了。你会习惯这种刺激，不再注意到它。

从"使用愤怒"的角度来看，愤怒倦怠是一个问题。当我们对所面临的问题习以为常时，无论是针对个人生活里的挫折，如工作中遭遇不公正待遇，还是针对更广泛的社会不公，我们都会失去做出改变的必要动力。倦怠是精力充沛的反面，我们需要找到一种方法来维持愤怒可以提供给我们的能量。

有两种方法可以补充我们的愤怒燃料箱（鉴于愤怒往往会带来负面的后果，这两种方法都应该谨慎使用）。第一种方法是，当你对一个问题感到特别愤怒的时候，花点时间来反思你的感受。记住你的感受，这样你以后就有可能重拾这种感觉。思考一下触发事件，注意你的想法。想一想你希望使用这种愤怒做些什么。在某种程度上，这与刚才谈到的有助放松的视觉化法正好相反。这是在你真正需要的时候，用视觉化来帮助你保持愤怒。

寻找愤怒的第二种方式是积极寻找那些触发事件。从本质上讲，这与我们在上一章谈到的诱因回避正好相反。在社交媒体时代，我们比以往任何时候都要容易接近愤怒诱因。如果在脸书或推特上看到观点和你截然相反的帖子，你可能就会抓狂。

试图让自己生气的这种想法在一些人看来可能很荒诞，但实际上，这在体育比赛中是极为常见的。我的一个学生，凯拉·哈克（Kayla Hucke），在她的毕业论文中针对大学生运动员进行了这一概念的研究，探索他们如何在运动中使用愤怒和焦虑的情绪。[45] 她同时对他们的情绪智力（理解、感知、管理和使用情绪的能力）做了评价，并询问了愤怒和焦虑在体育比赛中给他们带来哪些帮助或伤害。

结果让人大吃一惊。运动员们希望他们在体育赛事开始时带一点愤怒情绪，而且随着时间的推移，他们希望变得更加愤怒，最后在实际比赛中这种情绪达到顶点。对焦虑的看法与此相反，他们希望能够以焦虑的心情开始一天的工作，在比赛前感觉到大量的焦虑，并在比赛时能驱散焦虑。她发现虽然运动中的愤怒情绪确实会带来一些可感知的消极后果（对有些运动员来说，愤怒可能分散他们的注意力，或者他们的消极情绪会惹恼自己或队友给大家带来失望），但在比赛时，愤怒可以带来一些好处。具体来说，愤怒能够让他们的肾上腺素激增，他们会更加努力，并且

动力十足。愤怒助长了他们的表现。那些能够自己添加燃料并为
自己的比赛所用的人表现得最好。

## 打破思维反刍

你有没有发现自己常常会在发完脾气之后依然无法释怀？也
许会在脑海中会反复播放当时的画面，不断地思考那些自己原本
应该说却没说出口的话？或者针对一个尚未实际发生的事情，沉
迷于预期事态将来的发展，不停地在心里排列组合那些你和他人
之间有可能进行的各种对话？如果有的话，你并不孤单——这是一
个与情绪有关的著名概念，叫作思维反刍，它可能会让人感到很
不安。①

在书的前半部分，我提到了我们做的几项研究，其中一项是
使用行为愤怒反应问卷，还有一项是使用认知情绪调节问卷。这
两份问卷都有一个衡量思维反刍的子量表，其中问到了关于冗思
或持续思考愤怒事件的问题。在我使用这些问卷所做的研究中，

———————

① 借这个机会我需要承认，我经常思维反刍。儿子3岁的时候，有
一次我带着他从幼儿园开车回家，我对当天的工作耿耿于怀，心
怀不满。当时我们正在听音乐，突然他问："你说什么？""我
什么都没说，宝贝。"我回答，他说："不对，你说了。你说，
（他重复了我以为只在自己心里想的内容）。"那天我意识到，
我不只是反刍，我还自言自语。

我们发现一个一致的模式。思维反刍与易怒倾向和愤怒的不良表达方式（包括产生报复性想法和暴力想法的倾向）这两者都相关。但有趣的是，在这两项研究中，思维反刍与愤怒的压抑最为相关。这意味着，如果你在感到被挑衅时倾向于试图压抑自己的愤怒，事后出现思维反刍的可能性就更大。

如果我们仔细想想这一模式，它看起来是这样的：人们感到被挑衅，试图不对挑衅做出反应，但随后似乎无法停止思考这个经历。在2004年进行的有关这个问题的研究中，除了愤怒之外，我们还研究了抑郁、焦虑和压力。思维反刍与这三种情绪状态都有关联。现在有各种各样的方法来处理不需要的思维反刍。从许多方面来看，思维反刍与担忧相似，处理思维反刍的有效方法之一也是转移注意力：你可以读书，听音乐，看电影或电视节目，或者做些其他能占据你头脑的事情。

据此以及其他相关发现，我们很容易就会认为思维反刍对你不利。毕竟它与愤怒、抑郁、焦虑和压力相关，但针对这种思维模式还有另外一种看法。也许思维反刍是大脑在让你知道，你还没有解决这个问题。大脑对它耿耿于怀不愿放手，可能意味着你自己对该问题的解决方案不满意。简而言之，思维反刍可能是愤怒在跟你沟通的另一种方式，即你或者你关心的人受到了不公正的对待。

对于思维反刍，处理方法之一可能就是去再次尝试并完结它。特别是在你因为最初压抑了自己的愤怒情绪而导致思维反刍的情况下。重新审视你压抑愤怒的那次艰难对话，这次以更直接的方式坚持自己的表达，可能会有帮助。联系使你生气的人，重新开始对话，比如："那一天，当（使我生气的事情发生）时，我气坏了，但当时我没跟你讲。"虽然你有可能依旧没有办法从这次重新展开的对话中得到想要的结果（我们无法控制别人对我们的反应），但你会对自己处理事情的方式感到更舒服。

## 愤怒时的沟通

从进化的角度来看，愤怒的好处之一是它有助于沟通。正如我们在第三章所讨论的，所有的情绪都是沟通工具。当我们悲伤、害怕或愤怒时，我们的面部表情会向周围人传达一些重要信息。我们的眼泪告诉大家，我们需要帮助。我们睁大的眼睛和尖锐的叫喊声告诉大家，我们正处于危险之中（因此，他们可能也处于危险之中）。瞪眼和皱眉则向他们传达出他们可能对我们有误解，这意味着我们的关系需要修复。

如今，我们显然已经进化到了不需要完全依靠面部表情和其他非语言沟通来表达情绪的阶段（虽然，非语言沟通肯定仍然有用处）。然而，在使用愤怒的时候，用语言表达愤怒仍然是一个有价值的工具。在那些合理愤怒的时刻，这一点尤其正确。当我们受到委屈的时候，需要能够向对方传达我们的感受，以及告诉对方我们为什么会有这样的感受。这可能不容易，但这是尝试解决问题的第一步。下面有一些技巧，有助于帮你更好地进行这些困难的对话。

提前做计划。好好想一想你要提出的观点，你将如何传达这些观点，以及对方可能做出的反应（他们会有怎样的感受，他们的回应是什么）。当然你不可能计划好一切，但是尝试事先理清楚你想表达的内容，将有助于自己观点的表达，并帮助自己在当下保持冷静。

练习"当这件事发生时，我感到……"的语句。尽量避免类似"当你……时，让我很生气"的语句。相反，试试"当你……时，我感到很生气"。虽然两者在意思表达上基本一致，但后者把责任从对方身上移开，承认了你在自己的愤怒中占有一席之地角色（并非承担全部责任）。

保持专业精神。在这个世界上，我最反感的就是"语气警察"。我说过，沟通愤怒的方式有无数种，有些时候大吼大叫是唯一能被听到的方式。也就是说，在这些艰难的对话中，尽量去努力保持冷静和专业，从而减轻对方的防卫心理。尽量不要直呼他们的名字或大吼大叫。做到自信而非咄咄逼人，你最终可能会取得更大的进展。

就事论事。分歧很容易让事态失去控制，争论发展到最后，大家关心的可能只是为了彼此之间一争高下，而不是为了解决问题。尝试将具体问题的讨论放在谈话开始的时候。例如，如果讨论的重点是你想让朋友知道你很生气，因为他们对你撒了谎，那么就不要提他们在你们的交往中所做的其他坏事。谈话要围绕这一次惹你不开心的具体事件进行。

**确保倾听**。缺乏有效的倾听在半数情况下会让对话变得艰难。很多时候，当对方在说话时，人们不是在听对方说了些什么，而是在想他们自己接下来要说什么。试着不要这样做，做个好的倾听者，留意对方在说什么，对方的感受是什么，以及对方的想法是什么。

**需要时休息一下**。最后，如果感觉事态变得过于激烈或停滞不前，可以暂停谈话，休息一下。你可以说："我认为我们现在没有任何进展，为什么不晚一点再讨论这个问题呢？给我们一些时间。"

## 避免宣泄

人们常常错误地认为，"宣泄"能够很好地处理不必要的愤怒。在过去的十多年里，我们已经切实看到了这种趋势，比如说在美国遍地开花的"愤怒屋"。那是人们可以用花钱来宣泄情绪的地方，大家认为这是处理愤怒的方式之一。然而，对于"愤怒屋"的参与者来说，宣泄在缓解不必要的愤怒方面并不奏效。事实上，它起到的作用与人们希望的往往相反。

为了解释其中原因，我想重温一下布拉德·布什曼的工作。他是我在第五章讨论攻击性驾驶时提到的研究攻击性的学者，也是研究"宣泄神话"的著名专家。我曾就宣泄理论采访过他，他是这样描述的："宣泄理论听起来很优雅。大家喜欢它，但实际上没有多少科学证据可以给它支持，所以我们需要揭穿它，即宣泄你的愤怒，也就是发脾气，是健康的。"

他解释说，虽然这个想法可以追溯到亚里士多德，但它是由弗洛伊德修订的，他用液压模型来描述愤怒。"弗洛伊德认为，愤怒在一个人体内的积累就像压力锅内的压力，除非把它发泄出来，否则这个人最终会在攻击性的愤怒中爆发。然而，当人们宣泄自己的愤怒时，他们只是在练习如何变得更有攻击性，比如说通过打、踢、尖叫和怒吼。这就好比用汽油来灭火，只会助长火焰越烧越旺。"

我请他分享一个能证明发泄无效的研究，他跟我聊了他和同事所做的工作：在考虑安慰剂效应的背景下探索宣泄[46]。这是基于过去几十年的研究之上，他们最近在进行的研究之一，该研究发现宣泄并不能减少愤怒。他说："如果宣泄愤怒在任何情况下都有效，那么当人们相信它会起作用时，它应该起作用。"为了测试这一点，他们随机分配了707名受试者阅读有关宣泄愤怒的文章。其中一篇指出宣泄是有效的，健康的，并提供相关科学证据来支持它，承认它是减少愤怒的好方法。另一篇则认为宣泄没有用，不健康，并提供相关科学证据来对此予以支持。

　　然后，受试者被要求写一小段文章，阐述他们对某一问题的立场。完成后，研究人员拿着这段文章，告诉受试者它将被交给另一名受试者（另一名受试者实际上并不存在）进行评价。与此同时，受试者也收到一篇有关该问题的文章，并被告知是由另一名受试者（实际上并不存在）写的，让他对其进行评价。大家收到的文章内容总是与他们自己的立场一致，从而确保后来的任何攻击都不是基于意见分歧而进行的报复。然后彼此给对方打分，并由假的参与者对真正参与者的文章进行诋毁。正如布什曼所说，"他们给出的评分是最低的，并写上'这是我读过的最差的文章'之类的话"。这就是他们的愤怒诱因。

　　在参与者如期发火之后，他们被告知要么什么都不做（对照组），要么通过击打沙袋来发泄愤怒（实验组）。实验研究人员用情绪调查表测量参与者的愤怒值，接下来（这是我最喜欢的部分），让参与者与不存在的另一个参与者（他们仍然相信对手是真的存在）进行25轮的竞争活动，他们试图比对手更快地按下一个按钮。当他们赢得比赛时，他们被允许通过播放一个响亮的、令人厌恶的声音来惩罚"对手"。①他们可以在0分贝到105分贝之间控制声音的大小，以及对方必须听到的时长。这是用于衡量攻

---

① 他在电话中为我播放了那个声音，他是这样描述的。"这种噪声是人们非常讨厌的噪声的混合体，如指甲在黑板上划的声音、牙医钻头的声音、号角的声音、警报器的声音，等等。"

击性的标准。当他们输掉游戏时（有一半的概率），他们会收到"对手"发出的噪声，其长度和大小是随机决定的。

如果宣泄理论是正确的，那么在问卷上得分最低、行为最不具攻击性的人应该是那些被引导相信宣泄会起作用的人（他们读了假文章，里面提到这是一种处理愤怒的好方法）和有机会打拳击袋的人。然而情况恰恰相反。正如布什曼所说："实际上，他们是最愤怒和最有攻击性的。我们不仅没有看到安慰剂效应，反而看到了反安慰剂效应。"

当你生气时，最好避免使用这些通过攻击性手段进行类似宣泄的行为——破坏物品、尖叫和嘶吼等。这些都不能帮助你处理你的愤怒。相反，很可能使问题更加严重。

## 将愤怒转化为亲社会的解决方案

当我谈到宣泄神话时，经常有人问我："如果压抑和宣泄都不是好办法，那应该怎么做呢？"答案其实很简单。健康地表达愤怒可以对你有所帮助。研究表明，过于频繁地以攻击性的方式进行表达对你没有好处。但是，如我所说，表达的方式无穷无尽，其中有许多方式可以将挫折和愤怒甚至暴怒引导到积极的、有利于社会层面上。那么，我们到底应该怎么做呢？办法可就太多了，比如：

解决问题。愤怒是在提醒你注意某个问题。试着将愤怒转化为识别和解决这个问题。

**艺术创作、文学、诗歌和音乐**。有很多美丽而富含力量的艺术作品，它们是由愤怒激发的，或通过愤怒的有力表达方式予以呈现。愤怒可以用来创作有意义和美丽的作品。

**坚持做自己**。生气时，你也可以（尽管有时这样做不舒服）尝试进行有意义的对话。如果别人错怪了你，请坚定地告诉他们。

**寻求支持**。生气时，你最需要的或许只是一个能听你倾诉的人，特别是在你尝试去解决问题，而非单纯发泄怒气的时候。

**寻求更广泛的改变**。当人们被社会或政治上的错误所激怒时，他们可以利用这种愤怒去创造一个更好的社区和世界——为重要的事务捐款或当志愿者，抗议不公，给媒体写信，甚至竞选公职。

### ▣🅒 练习：使用愤怒

在最后一次练习中，请使用下面这三个步骤，想一想你在以前生气的情况下，如何从多方面来使用你的愤怒。

（1）请回想一下你真正被激怒的某一次，甚至现在回想起来（即便是在评价了你的判断和想法之后），你也认为当时的愤怒是合理的。

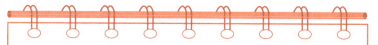

　　（2）只画出模型的后半部分。愤怒在身体里是什么感觉，你对它做了什么？

　　（3）找出三件可以利用这种愤怒做的积极的、有益社会的事情。

## 写在最后

　　尽管这与宣泄有关，但我并不介意愤怒的"压力锅"隐喻，它是宣泄想法背后的基础。我想我可以理解为什么宣泄对大家来说特别痛快。日常生活中我们的挫折感在不断累积，直到最后因为某件"小事"而爆发。因此我认为，我们需要在最终的大爆发前将情绪发泄出来。

　　不过，我喜欢用不同的方式来看待愤怒。它是一种强大的燃料，有助于运行人体这台复杂的机器。但是跟其他任何燃料一样，有的时候它可能会变得过热，所以我们需要找到降温的方法。这就是我们在进行放松或转移注意力时要做的事情。想办法重新评价自己的想法或者避免暗示，以及确保自己保持对紧张状态的警醒，这就是我们需要做的——寻找方法来给情绪降温。

　　但是愤怒这种燃料不需要一直保持冷却。有时候你绝对有权利而且应该感到愤怒。生气不仅是被允许的，有时也是正确的。

# 致谢

我要感谢很多支持我完成这本书的朋友，真心感激他们。从我的家人开始，我能够拥有自己梦寐以求的工作，是因为我有一个无与伦比的伙伴和最好的朋友——我的妻子蒂娜，她在我对自己有信心之前就坚信我可以。我同样有幸拥有两个了不起的儿子——里斯（Rhys）和托宾（Tobin），是他们给我力量，让我勇于超越自己，为创造一个更美好的世界而努力。感谢我那充满爱意并且特别敬业的母亲——桑迪（Sandy），她教给我领导和服务的价值；我那睿智的父亲——菲尔（Phil），他教会我批判性思考和努力工作。我同三个出色的兄弟姐妹一起长大，他们和他们的伴侣以及孩子们一直给予我爱、幽默和支持。最后，我无比感谢我的岳父母，让我加入了一个同样出色的家庭。

在我的职业生涯中，有好几次我都为自己得到的机会感到无比幸运。我在南密西西比大学咨询心理学项目中与埃里克·达伦一起工作时，他的支持、专业知识和指导对我的工作至关重要。同样地，我在威斯康星大学格林湾分校的心理学系工作期间，被整个大学的杰出学者和充满创意的教师所围绕，不仅仅是在心理学领域。作为一名教师和研究人员，我的工作不断受到这些同事的启发，他们也将一直是我的良师益友。另外，在华盛顿大学绿湾分校，我要特别感谢我的学生们，他们教给我的东西和我教给他们的一样多，从他们身上我看到了希望，世界正朝着一个更好的方向发展。

说到我感到幸运的机会，我非常感谢TED团队选择我做演讲并指导我完成整个过程。这个团队中人才济济。最后，我要感谢沃特金斯出版社的团队，特别是菲奥娜·罗伯逊（Fiona Robertson），他们支持我完成了这本书。他们给予我的信任和指导促成了这本书的诞生。

二十多年前，当我开始研究愤怒时，我没有想到它会让我如此着迷，也没有想到这个职业会如此充实。我把这种快乐归功于那些研究愤怒和攻击性的杰出学者。他们为了帮助人们发展更健康的生活而不懈努力，阅读他们的作品是我持续的灵感来源。

# 参考文献

1.Deffenbacher, J.L., Oetting, E.R., Lynch, R.S., & Morris, C.D. (1996). The expression of anger and its consequences. *Behaviour Research and Therapy*, *34*, 575–590.

2.Dahlen, E.R., & Martin, R.C. (2006). Refining the anger consequences questionnaire. *Personality and Individual Differences*, 41, 1021–1031.

3.www.tmz.com/2010/11/17/bristol-palin-dancing-with-the-stars-man-shotgun-television-tv-wisconsin-steven-cowen/.

4.Deffenbacher, J.L. (1996). Cognitive-behavioral approaches to anger reduction. In K.S. Dobson & K.D. Craig (Eds.), *Advances in cognitive-behavioral therapy* (pp. 31–62). Thousand Oaks, CA: Sage.

5.Foster, S.P., Smith, E.W.L., & Webster, D.G. (1999). The psycho-physiological differentiation of actual, imagined, and recollected anger. *Imagination, Cognition and Personality*, *18*, 189–203.

6.Lanteaume, L., Khalfa, S., Regis, J., Marquis, P., Chauvel, P., & Bartolomei, F. (2007). Emotion induction after direct intracerebral stimulations of human amygdala. *Cerebral Cortex, 17*, 1307–1313.

7.Anderson, S.W., Barrash, J., Bechara, A., & Tranel, D. (2006). Impairments of emotion and real-world complex behavior following childhood – or adult-onset damage to ventromedial prefrontal cortex. *Journal of the International Neuropsychological Society,*

12(2), 224–235.

Anderson, S.W., Bechara, A., Damasio, H., Tranel, D., & Damasio, A.R. (1999).Impairment of social and moral behavior related to early damage in human prefrontal cortex. *Nature Neuroscience, 2*(11), 1032–1037.

Bechara, A., Dolan, S., Denburg, N., Hindes, A., Anderson, S.W., & Nathan, P.E.(2001). Decision-making deficits, linked to a dysfunctional ventromedial prefrontal cortex, revealed in alcohol and stimulant abusers. *Neuropsychologia, 39*(4), 376–389.

8.Ekman, P., et al. (1987). Universals and cultural differences in the judgments of facial expressions of emotion. *Journal of Personality and Social Psychology, 53*(4), 712–717.

9.Flack, W.F., Jr., Laird, J.D., & Cavallaro, L.A. (1999). Separate and combined effects of facial expressions and bodily postures on emotional feelings. *European Journal of Social Psychology, 29*(2–3), 203–217.

10.Martin, R.C., & Dahlen, E.R. (2007). The Angry Cognitions Scale: A new inventory for assessing cognitions in anger. *Journal of Rational-Emotive and Cognitive Behavior Therapy, 25*, 155–173.

11.Martin, R.C., & Dahlen, E.R., (2011). Angry thoughts and response to provocation: Validity of the Angry Cognitions Scale. *Journal of Rational-Emotive and Cognitive Behavior Therapy, 29*, 65–76.

12.Ulrich, N. (2020). NFL lifts indefinite suspension on Cleveland Browns' Myles Garrett. *USA Today.* www.usatoday.com/story/

sports/nfl/browns/2020/02/12/myles-garrett-nfl-lifts-cleveland-browns-indefinite-suspension/4736004002/.

13.Chuck, E. (2019). Why Myles Garrett's helmet attack likely won't result in criminal charges. *NBC News*. www.nbcnews.com/news/us-news/why-myles-garrett-s-helmet-attack-likely-won-t-result-n1083186.

14.Federal Bureau of Investigation. (2018). Uniform Crime Reporting Violent Crime. ucr.fbi.gov/crime-in-the-u.s/2018/crime-in-the-u.s.-2018/topic-pages/violent-crime.

15.Iadicola, P., & Shupe, A. (2013). *Violence, inequality, and human freedom*. Lanham, MD: Rowman & Littlefield Publishers, Inc.

16.Martin, R.C., & Dahlen, E.R., (2011). Angry thoughts and response to provocation: Validity of the Angry Cognitions Scale. *Journal of Rational-Emotive and Cognitive Behavior Therapy, 29*, 65–76.

17.American Psychiatric Association. (2013). *Diagnostic and statistical manual of mental disorders* (5th ed.). Washington, DC: Author.

18.Dahlen, E.R., Martin, R.C., Ragan, K., & Kuhlman, M. (2004). Boredom proneness in anger and aggression: Effects of impulsiveness and sensation seeking. *Personality and Individual Differences, 37*, 1615–1627.

19.Dahlen, E.R., Martin, R.C., Ragan, K., & Kuhlman, M. (2005). Driving anger, sensation seeking, impulsiveness, and boredom proneness in the prediction of unsafe driving. *Accident Analysis and Prevention, 37,* 341–348.

20. Berkowitz, L., & LaPage, A. (1967). Weapons as aggression-eliciting stimuli. *Journal of Personality and Social Psychology, 7,* 202–207.

21. Tanaka-Matsumi, J. (1995). Cross-cultural perspectives on anger. In H. Kassinove (Ed.), *Anger disorders: Definition, diagnosis, and treatment.* Washington, DC: Taylor & Francis.

22. Martin, R.C., Coyier, K.R., Van Sistine, L.M., & Schroeder, K.L. (2013). Anger on the internet: The perceived value of rant-sites. *Cyberpsychology, Behavior, and Social Networking, 16,* 119–122.

23. Tippett, N., & Wolke, D. (2015). Aggression between siblings: Associations with the home environment and peer bullying. *Aggressive Behavior, 41,* 14–24.

24. Smith, T.W. (2006). Personality as risk and resilience in physical health. *Current Directions in Psychological Science, 15,* 227–231.

25. Chang, P.P., Ford, D.E., Meoni, L.A., Wang, N.Y., & Klag, M.J. (2002). Anger in young men and subsequent premature cardiovascular disease: The precursors study. *Archives of Internal Medicine, 162,* 901–906.

26. Nitkin, K. (2019). The Precursors Study: Charting a lifetime. *HUB.* hub.jhu.edu/2019/03/25/precursors-study/.

27. Selye, H. (1946). The general adaptation syndrome and the diseases of adaptation. *Journal of Allergy, 17,* 241–247.

28.Musante, L., & Treiber, F. (2000). The relationship between anger-coping styles and lifestyle behavior in teenagers. *Journal of Adolescent Health, 27*, 63–68.

29.Dahlen, E.R., & Martin, R.C. (2006). Refining the Anger Consequences Questionnaire. *Personality and Individual Differences, 41*, 1021–1031.

30.Lovibond, S.H., & Lovibond, P.F. (1995). *Manual for the Depression Anxiety Stress Scales* (2nd ed.) Sydney: Psychology Foundation.

31.Martin, R.C., & Dahlen, E.R. (2006). Cognitive emotion regulation in the prediction of depression, anxiety, stress, and anger. *Personality and Individual Differences, 39*, 1249–1260.

32.Birkley, E.L., & Eckhardt, C.I. (2018). Effects of instigation, anger, and emotion regulation on intimate partner aggression: Examination of "perfect storm" theory. *Psychology of Violence, 9*, 186–195.

33.Gilam, G., Abend, R., Gurevitch, G., Erdman, A., Baker, H., Ben-Zion, Z., & Hendler, T. (2018). Attenuating anger and aggression with neuromodulation of the vmPFC: A simultaneous tDCS-fMRI study. *Cortex, 109*, 156–170.

34.Eckhardt, C.I, & Crane, C. (2008). Effects of alcohol intoxication and aggressivity on aggressive verbalizations during anger arousal. *Aggressive Behavior, 34*, 428–436.

35.Garcia-Sancho, E., Dhont, K., Salguero, J.M., Fernandez-Berrocal, P. (2017). The personality basis of aggression: The mediating role of anger and the moderating role of emotional intelligence. *Scandinavian Journal of Psychology, 58*, 333–340.

36.Buss, D.M. (1987). Selection, evocation, and manipulation. *Journal of Personality and Social Psychology, 53*, 1214–1221.

37.Deffenbacher, J.L. (1995). Ideal treatment package for adults with anger disorders. In H. Kassinove (Ed.), *Anger disorders: Definition, diagnosis, and treatment.* Washington, DC: Taylor & Francis.

38.Schwarz, N., & Clore, G.L. (1983). Mood, misattribution, and judgments of wellbeing: Informative and directive functions of affective states. *Journal of Personality and Social Psychology, 45*, 513–523.

39.Gross, J.J. (2002). Emotion regulation: Affective, cognitive, and social consequences. *Psychophysiology, 39*, 281–291.

40.Martin, R.C., & Dahlen, E.R. (2007). Anger response styles and reaction to provocation. *Personality and Individual Differences, 43*, 2083–2094.

41.Linden, W., Hogan, B.E., Rutledge, T., Chawla, A., Lenz, J.W., & Leung, D. (2003). There is more to anger coping than "in" or "out." *Emotion, 3*, 12–29.

42.Garnefski, N., Kraaij, V., & Spinhoven, P. (2001). Negative life events, cognitive emotion regulation and emotional problems.

*Personality and Individual Differences, 30*, 1311–1327.

43.Martin, R.C., & Dahlen, E.R. (2005). Cognitive emotion regulation in the prediction of depression, anxiety, stress, and anger. *Personality and Individual Differences, 39*, 1249–1260.

44.DiGiuseppe, R., & Tafrate, R.C. (2007). *Understanding anger disorders*. New York, NY: Oxford University Press.

45.Hucke, K., & Martin, R.C. (2015). *Emotions in sports performance.* Poster presented at the Annual Midwestern Psychological Association Conference, Chicago, IL.

46.Bushman, B.J., Baumeister, R.F., & Stack, A.D. (1999). Catharsis, aggression, and persuasive influence: Self-fulfilling or self-defeating prophecies? *Journal of Personality and Social Psychology, 76(3)*, 367–376.